지혜와 사랑이 자라는
인성 태교 동화

여 는 글

　태교 강의를 시작한 지 20년의 세월이 훌쩍 지나가고 있습니다. '행복한 엄마에게서 행복한 아이가 태어난다'라는 슬로건으로 태어날 아기와 엄마로 태어난 두 삶을 힘껏 응원하며 달려왔습니다.

　이 책에는 특별히 아이가 살아갈 날들을 위해 필요한 올바른 인성과 건강한 성품을 만드는 20가지 인성 태교 동화와 세상에서 가장 좋은 것을 주고 싶은 엄마의 마음으로 그림을 담았습니다.
　또한, 아기에게 좋은 인성과 함께 지혜를 전하기 위해, 태담에서 오랜 시간 동안 많은 교훈과 속담과 의미를 담아 사용한 사자성어(四字成語)를 풀어서 전달하였습니다.

　임신 기간 동안 일어나는 여러 가지 변화와 현상 그리고 주의할 점을 설명하였고 엄마의 몸과 마음을 위해 문학, 예술, 체조 등 다양한 활동들을 소개하였습니다.

임신 기간 동안 인성 태교 동화를 통해 아이는 태어난 의미와 사랑을 마음으로 느끼는 법을 배우게 되고, 첫 인생인 엄마와 아빠의 목소리를 통해 밝은 미래를 준비하는 행복한 꿈을 꾸게 될 것입니다.

인성 태교 동화를 통해 아기와 엄마 아빠가 함께 좋은 인성과 사랑으로 하나가 되어 아기의 손을 잡는 그 날, 이 땅의 모든 엄마 아빠들이 더욱 행복하기를 바랍니다.

송 금 례

contents

지혜와 사랑이 자라는
인성 태교 동화

송금례 김현태 지음   김은기 그림

평화로운 마음을 심어요
Peaceful Character

행복은 소유가 아니라 관계에서 와요.
모든 사람들과 사이좋게 지내고 더 나아가 사람들에게 평화를 심는
아이가 되도록 태교해요.

임신 1-2주

엄마는요 자궁내막이 두꺼워지면서 우세한 난포 하나가 마침내 난자가 되어 14일째에 배란을 해요.

아기는요 성숙한 난자 하나가(이란성 쌍둥이를 임신할 경우 두 개의 난자가) 나팔관으로 이동해 12~24시간 동안 정자를 기다려요.

유의할 점은요 난자와 정자의 결합이 이루어지는 첫 달이에요. 몸의 직접적인 변화는 없지만 엄마가 될 준비를 시작해야 해요. 태아의 뇌와 신경관 형성에 중요한 엽산을 섭취하고 규칙적인 식사, 가벼운 운동, 정서적인 안정을 통해 최상의 컨디션을 만들어야 해요.

'신난다' 숲

'신난다' 숲속에는 많은 동물 친구들이 살고 있어요.

코끼리는 "푸엉, 푸엉"하며 수영을 즐겨요. 호랑이는 "어험, 어험"하며 점잖게 산책을 해요. 원숭이는 나무 위에서 "쓩, 쓩"하며 곡예를 해요.

종달새는 "찌르, 찌르"하며 노래를 불러요. 매미는 "맴, 맴"하며 웅변연습을 해요. 강아지는 "킁킁"하며 요리를 해요.

그중에서 강아지와 원숭이는 가장 친한 친구예요. 둘은 언제나 사이좋게 놀아요. 같이 소풍을 가고, 달리기도 하고, 술래잡기도 하고, 숨바꼭질도 하고, 땅따먹기도 하고, 음식도 나누어 먹으면서 즐겁게 이야기를 해요.

강아지와 원숭이는 한 번도 싸운 적이 없어요.

언제나 서로를 챙겨주고 돌보면서 행복하게 지내요.

그 둘 사이는 보기에 너무나 좋았어요. 그래서 '신난다' 숲속에서 주로 혼자 지내는 여우는 강아지와 원숭이를 찾아가서

"얘들아, 나도 너희들과 친구가 되고 싶어. 난 친구가 없어서 좀 심심해. 그러니깐 나하고도 같이 놀자"라고 이야기했어요.

하지만 강아지와 원숭이는 "우리는 우리 둘이서만 놀 때가 제일 재미있어. 여우야, 미안하지만 다른 친구들하고 놀아"라고 대답했어요.

여우는 몇 번 더 같이 놀자고 사정했지만 매번 거절을 당했어요.

여우는 섭섭하고 화가 났어요. 그래서 강아지와 원숭이의 사이를 갈라놓겠다고 결심을 했어요. 어느 날 원숭이가 혼자 있을 때 여우는 찾아가서 말을 걸었어요.

"원숭아, 요즘도 강아지하고 잘 지내니?"

"그럼, 우리는 언제나 재미있게 잘 놀아."

여우는 돌아서서 가는 척을 하면서 혼자 말처럼 조용하게 말을 했어요.

"그런데 강아지가 너에 대해 이상한 말을 하던데..."

원숭이는 여우를 붙잡고 물어보았어요.

"뭐라고? 강아지가 나에 대해 무슨 이상한 말을 했는데?"

"얼마 전에 강아지가 너랑 소풍을 가서 같이 싸 온 도시락을 먹는데, 자기는 딸기, 토마토, 사과를 잔뜩 가지고 갔지만, 너는 바나나를 딱 두 개만 가지고 왔더라고 하면서 맛있는 건 혼자만 먹는 것 같다고 좀 불평을 하더라고."

원숭이는 여우의 말을 듣고 속이 상했어요.

소풍을 가기 전날 원숭이는 바나나를 도시락으로 많이 준비했지만, 갑자기 동생들이 찾아와서 바나나를 거의 다 먹어버렸거든요.

'아무리 그래도 그렇지, 강아지가 여우한테 내 흉을 보다니...'

조금 후에 강아지가 같이 놀자고 전화를 했지만 원숭이는 핑계를 대고 강아지를 만나지 않았어요.

여우는 이번에는 강아지를 찾아가서 물어보았어요.

"강아지야, 요즘도 원숭이하고 잘 지내니?"

"그럼, 우리는 얼마나 친한 친구인데."

여우는 또 돌아서서 가는 척을 하면서 혼자 말처럼 조용하게 말을 했어요.

"그런데 원숭이가 너에 대해 이상한 말을 하던데..."

강아지는 여우를 붙잡고 물어보았어요.

"뭐라고? 원숭이가 나에 대해 무슨 이상한 말을 했는데?"

"원숭이가 너는 다 좋은데 기분이 좋으면 너무 목소리가 커져서 듣기에 좀 시끄럽고, 날씨가 더우면 네가 침을 흘리는 게 좀 보기 싫다고 하더라고."

여우의 말을 들은 강아지는 기분이 나빴어요. '내 목소리가 우렁차서 듣기에 좋다고 할 때는 언제고... 내 흉을 여우에게 보내다니...'

그 후로 강아지와 원숭이는 오해가 쌓이고 쌓여서 결국에는 크게 싸우고 다시는 같이 놀지 않았어요. 어쩌다가 숲속에서 마주쳐도 아는 척도 안 하고 서로 원수처럼 지내게 되었어요.

'신난다' 숲속에서 제일 친구가 많고 언제나 웃고 다니는 곰돌이는 강아지와 원숭이의 사이가 안 좋게 된 이야기를 듣고 마음이 아팠어요. 그래서 곰돌이는 강아지에게 찾아가서 이야기했어요.

"원숭이가 그러는데 너랑 요즘 같이 안 놀아서 아주 슬프데, 너처럼 듬직하고 좋은 친구는 없다고 하면서..."

"정말 원숭이가 그랬어?"

강아지는 반신반의하면서 곰돌이에게 재차 확인했어요. 강아지도 원숭이와 싸우고 안 놀아서 매우 슬펐거든요.

강아지는 원숭이가 조금씩 보고 싶었어요.

곰돌이는 이번에는 원숭이에게 찾아가서 말했어요.

"강아지가 그러는데 너랑 요즘 같이 안 놀아서 아주 괴롭대, 너처럼 재미있고 좋은 친구는 없다고 하면서..."

"정말 강아지가 그랬어?"

원숭이도 곰돌이에게 재차 확인하며 물어보았어요. 원숭이도 강아지와 다투고 안 보아서 많이 슬펐거든요.

원숭이는 강아지와 잘 지내던 때를 회상하며 그리워했어요.

얼마 후에 곰돌이는 꿀과 과자와 주스를 잔뜩 차려놓고 여우와 강아지와 원숭이를 초대했어요.

곰돌이는 세 명에게 그동안 마음속에 있던 말들을 솔직하게 말해 보라고 했어요.

여우는 '신난다' 숲속에서 가장 인기 있는 곰돌이의 초대를 받아서 매우 기뻤어요. 사실 그동안 아무도 여우를 집에 초대해 주지 않았거든요. 곰돌이의 집에 간 여우는 곰돌이 말을 듣고 그동안 자기가 한 일에 대해 생각해 보게 되었어요.

여우는 "사실은 너희들이 나하고 놀아 주지 않아서 내가 화가 났어.

그래서 너희 둘 사이를 오해하게 하고 싸우게 한 거야. 미안해 원숭아, 강아지야"라고 했어요. 여우의 말을 들은 강아지와 원숭이는 서로에게 미안하다고 사과를 한 다음에 여우에게도 말을 했어요.

"여우야, 우리도 미안해. 네가 같이 놀자고 했을 때 거절해서. 앞으로 우리 다 같이 재미있게 놀자."

여우와 원숭이와 강아지는 서로 껴안고 미소를 지었어요. 곰돌이는 그런 모습을 보고 너무 기분이 좋아서 살짝 눈물을 흘렸어요.

아기와
태담 나누기

세상에서 엄마 아빠가 제일 사랑하는 우리 아가야, 네가 엄마 뱃속에 찾아와 주어서 얼마나 고마운지 모른단다.

엄마가 잘 돌보아 줄 테니깐 엄마 뱃속에서 평안하게 잘 자라줘.

이 세상에는 좋은 친구들도 많이 있지만 서로 싸우고 잘 지내지 못하는 사람들도 있단다. 그런 사람들을 '견원지간'(犬猿之間)이라고 해. 하지만 곰돌이처럼 아가야, 너는 그런 사람들도 화해를 시키고 평화를 심는 사람이 될 거야. 엄마가 깊고 아름답고 평화로운 마음을 너에게 전해 줄 거기 때문이야. 아가야, 사랑해.

아주 많이 사랑해.

평화로운 마음을 심어요

이완운동
Relaxation exercises

옷을 느슨하게 입고 앉거나 평안하게 누우세요. 숨을 아랫배까지 깊게 천천히 들이마시고 내쉬세요.
눈을 감으세요. 아래의 각 운동을 두 번씩 하세요.
긴장시키거나 이완을 할 때 10초씩 하세요. 10초를 셀 때 다음과 같이 하세요.
**"하나, 하나요, 둘, 둘이요, 셋, 셋이요, 넷, 넷이요, 다섯, 다섯이요, 여섯, 여섯이요,
일곱, 일곱이요, 여덟, 여덟이요, 아홉, 아홉이요, 열, 열이요."**

❶ 정상적인 위치에서 머리 위의 것을 바라봄으로 앞이마를 위로 찌푸리며 올리세요.
이렇게 긴장상태를 10초 동안 유지하세요. 근육들을 10초 동안 이완시키세요(반복).

❷ 두 눈을 꼭 감으세요. 그렇게 긴장상태를 10초 동안 유지하세요. 눈 근육을 감은 채로
10초 동안 이완시키세요(반복).

❸ 이를 꽉 다무세요. 그렇게 긴장상태를 10초 동안 유지하세요. 턱 근육들을 입을 조금
벌려서 10초 동안 이완시키세요(반복).

❹ 혀를 입천장에 강하게 밀어서 올리세요. 그렇게 긴장상태를 10초 동안 유지하세요.
혀를 정상적인 위치에 놓고 입을 조금 벌려서 10초 동안 이완시키세요(반복).

❺ 고개를 뒤로 힘껏 제쳐서 턱이 위로 향하게 하세요. 그렇게 긴장상태를 10초 동안
유지하세요. 고개를 정상적인 위치에 두어서 10초 동안 이완시키세요(반복).

❻ 고개를 최대한 숙여서 턱이 가슴에 닿게 하세요. 그렇게 긴장상태를 10초 동안
유지하세요. 고개를 정상적인 위치에 두어서 10초 동안 이완시키세요(반복).

❼ 어깨를 들어 올려서 약간 뒤로 제치세요. 그렇게 긴장상태를 10초 동안 유지하세요. 어깨를 정상적인 위치에 두어서 10초 동안 이완시키세요(반복).

❽ 열 손가락을 쫙 피고 양손을 앞으로 뻗으세요. 그렇게 긴장상태를 10초 동안 유지하세요. 양팔을 정상적인 위치에 두어서 10초 동안 이완시키세요(반복).

❾ 주먹을 꽉 쥐세요. 그렇게 긴장상태를 10초 동안 유지하세요. 손을 펴고 정상적인 위치에 두어서 10초 동안 이완시키세요(반복).

❿ 호흡과 아랫배에 집중하세요. 3초 동안 숨을 코로 깊게 천천히 들이마시세요. 숨이 아랫배까지 가게 한 다음 3초간 숨을 멈추고 있으세요. 4초 동안 천천히 숨을 입으로 내쉬세요(반복).

⓫ 숨을 멈추지 말고 배의 근육들이 몸 안쪽으로 최대한 들어가게 하세요. 그렇게 긴장상태를 10초 동안 유지하세요. 배의 근육들을 정상적인 위치에 두어서 10초 동안 이완시키세요(반복).

⓬ 양쪽 엉덩이 근육들을 바짝 조이세요. 그렇게 긴장상태를 10초 동안 유지하세요. 엉덩이 근육들을 정상적인 위치에 두어서 10초 동안 이완시키세요(반복).

⓭ 양다리를 쭉 펴고 발가락들을 얼굴로 향하게 들어 올리세요. 그렇게 긴장상태를 10초 동안 유지하세요. 발과 발가락들을 정상적인 위치에 두어서 10초 동안 이완시키세요(반복).

⓮ 양다리를 쭉 펴고 발가락들을 최대한 아래로 내리세요. 그렇게 긴장상태를 10초 동안 유지하세요. 발과 발가락들을 정상적인 위치에 두어서 10초 동안 이완시키세요(반복).

이제 이완운동을 다 마쳤어요. 눈을 뜨고 천천히 일어나서 일상생활을 하세요. 몸과 마음이 따뜻해지고 이완되었다는 것을 느낄 거예요. 이완운동은 연습을 많이 해야 해요. 자주 이완운동을 할수록 더 많은 효과를 얻을 수 있어요.

선하고 착한 마음이 자라요
Good-hearted Character

선한 마음은 결코 약한 마음이 아니에요.
차갑고 거친 모든 것을 녹이고 따뜻하게 해 주는 인성이에요.
모두를 행복하게 해 줄 수 있는 선한 마음을 가진 아이가 되도록 태교해요.

임신 3-4주

엄마는요
감기몸살과 비슷한 증상을 느낄 수 있고, 쉽게 피곤하고 나른해져요. 이 시기에 자궁은 달걀 크기 정도예요.

아기는요
아기는요 난자와 정자가 만나 왕성한 세포분열을 하며 자궁내막에 착상해요. 태낭 안에 있지만, 초음파로 확인을 할 수 없고 아직은 배아 상태이에요.

유의할 점은요
엑스선 투시, 약물 복용을 함부로 받지 않도록 해야 해요. 엽산이 부족하면 태아의 기형을 유발하니 엽산을 꼭 복용해야 해요.

푸른 바다의 해삼이

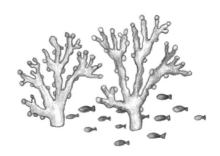

푸른 바다에는 많은 친구가 살고 있어요.

"푸웅, 푸웅" 소리와 함께 물을 뿜어내며 고래는 수영을 해요.

"까르르, 까르르"하며 돌고래는 춤을 추어요.

어두운 밤이면 "찌르르, 찌르르"하며 전기가오리는 열심히 전기를 만들어요.

빨갛고 파란 산호초 사이에서 노란 열대어와 보라색 물고기들이 과자를 먹으면서 즐겁게 이야기를 해요.

하얀 새우들은 모래 위에 그림을 그리고 꽃게들은 맛있는 요리를 해서 먹어요. 초록 연어들은 함께 먼 여행을 다녀요.

갈색의 해삼이는 날씨가 너무 더우면 여름잠을 길게 자요. 해삼이는 마음이 착하지만 외모 때문에 놀림을 당하곤 해요.

"너는 두리뭉실해서 빨리 수영도 못하고 엉금엉금 기어 다니기만 하니 참 답답하겠다."

돌고래가 지나가는 해삼이를 보고 놀렸어요. 하지만 해삼이는 기분 나빠하지 않고 웃으며 대답했어요.

"내가 빨리 못 다니는 것을 걱정해 주어서 고마워, 돌고래야! 푸른 바다에서 네가 우아하게 춤을 추고 빠르게 수영하는 것을 보면 정말 멋지다고 나는 생각해." "내가 좀 그렇지..."

돌고래는 약간 쑥스러워하면서 다른 친구들과 놀러 갔어요.

전기가오리도 지나가다가 해삼이를 보고 불쌍하다는 듯이 말했어요.

"너는 나처럼 멋진 꼬리도 없고 커다란 지느러미도 없고... 참 살아가기가 힘들겠다."

"전기가오리야, 내 걱정을 해 주어서 고마워. 하지만 나는 그래도 재미있게 잘 지내.

　네가 전기를 만들어서 어두운 밤에 전등을 켤 수 있다는 것이 얼마나 고마운지 몰라. 안 그러면 나는 너무 어두워서 길을 찾을 수가 없을 거야. 그리고 너는 비행기처럼 멋진 몸을 가지고 있어서 보기에 참 좋아."

　진심으로 해삼이가 칭찬을 해 주자, 전기가오리는 부끄러워졌어요.

　"그렇게 말해 주어서 고마워."

　전기가오리는 자그맣게 속삭이고 자기 일을 보러 갔어요.

　해삼이가 산책하러 나가다가 꽃게를 만났어요.

　꽃게는 "너는 피부 관리를 안 하니? 나처럼 매끈한 피부를 가지려면 세수도 열심히 하고 좋은 화장품도 발라야 하는 거야. 그리고 이 여드름 좀 봐! 지난번에 볼 때보다 더 커졌네"라고 하며 집게로 해삼이의 몸을 쿡쿡

찌르며 해삼이의 돌기를 짜는 시늉을 했어요.

해삼이는 낄낄대며

"그만해, 간지럽잖아! 나는 정말 행복한 것 같아. 내 피부를 걱정해 주는 친구까지 있으니깐! 난 네가 힘센 집게로 무거운 것을 들어 올리고 해초를 자르는 모습을 보면 참 부러워"라고 말해 주었어요.

"당연하지. 나는 내 집게로 무엇이든지 할 수 있어"라고 큰소리로 자랑하고 꽃게는 뽐내면서 걸어갔어요.

어느 날, 꽃게는 바위 위에서 미끄럼을 타고 놀다가 바위틈에 몸이 끼어 버렸어요. 꽃게는 빠져나오려고 아무리 발버둥을 쳐도 꼼짝을 할 수가 없었어요. 설상가상으로 지진이 나서 바위들이 움직이기 시작했어요. 꽃게는 무서워서 도와달라고 소리를 쳤어요.

그 모습을 본 푸른 바다의 여러 친구는 안타까워하면서 발을 동동 굴렀지만 아무도 꽃게를 도와주지는 않았어요. 바위가 흔들리면 몹시 위험하기 때문이에요.

그때 해삼이가 바위틈으로 빠르게 가서 힘껏 꽃게를 밀었어요. 그러나 꽃게의 몸은 쉽게 빠져나오지 않았어요. 바위가 점점 더 많이 흔들리자 꽃게는 소리쳤어요.

"해삼아, 나 좀 살려줘, 빨리 나를 빼어줘!"

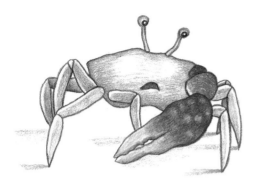

"그래, 알았어. 이야야, 이야야!"

해삼이는 크게 소리를 지르며 꽃게를 밀었어요.

드디어 꽃게는 바위틈에서 나올 수가 있었어요. 하지만 바위들은 더 심하게 흔들리면서 돌들이 떨어지는데 해삼이는 미처 피하지 못 해서 많이 다치게 되었어요. 힘없이 모래 속에 떨어져 꼼짝도 하지 못 했어요.

"해삼이는 너무 많이 다쳐서 아마 살지 못할 거야"라고 하며 마음 아파하는 노란 열대어와 같은 친구들도 있었지만, "평소에 자기를 놀리기만 하는 꽃게를 위해 뭐 하러 저런 바보 같은 짓을 해"라고 하는 새우 같은 친구들도 있었어요. 꽃게는 해삼이 옆에서 너무나 미안하다고 하며 눈물을 뚝뚝 흘리고 있었어요.

삼 일이 지나자 해삼이는 몸을 부르르 떨며 모래 속에서 일어났어요. 다친 곳이 다 회복된 것이에요. 그리고 주변에 있는 푸른 바다의 친구들에게 "얘들아, 걱정해 주어서 고마워. 난 이제 괜찮아"라고 했어요.

친구들은 모두 안도하면서 해삼이를 위로하고 칭찬해 주었어요.

그 후로는 아무도 해삼이를 놀리거나 괴롭히지 않았어요.

해삼이의 이야기를 들은 고래는 깊은 감동을 하고 푸른 바다의 친구들에게 말했어요.

"이 푸른 바다에서 내가 몸은 제일 크지만 해삼이는 누구보다 더 큰마음을 가지고 있구나!"

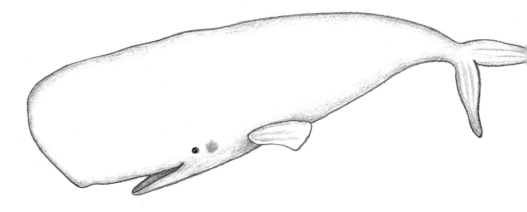

아기와 태담 나누기

사랑하는 아가야, 너는 이 세상에서 가장 예쁘단다.

너는 엄마 뱃속에서 날마다 예쁜 몸과 마음을 가지게 될 거야.

나중에 너의 아름다움을 보지 못해서 놀리는 친구들이 있을 수도 있어. 하지만 네가 화내거나 슬퍼하지 않고 선한 마음으로 그 친구들을 대해 준다면 너를 끝까지 싫어하는 친구는 아무도 없을 거야.

'인자무적'(仁者無敵)이라는 말이 있단다.

'착하고 인자한 사람에게는 적이 없다'라는 말이야. 이 엄마가 그런 따뜻하고 착한 마음을 심어줄게. 사랑해, 아가야!

아주 많이많이 사랑해!

복식호흡
Abdominal breathing

사람이 살기 위해서는 음식과 물을 잘 먹고 마셔야 하지만, 이에 못지않게 호흡을 잘해야 해요.
숨을 잘 들여 마시는 것이 생명의 풍성함을 주어요. 그러므로 호흡을 배워야 해요.
호흡의 의학적인 정의는 '사람의 신체조직에 산소를 공급하고 세포내 신진대사를 통하여 배출되는
이산화탄소를 몸 밖으로 배출'하는 것이에요. 이 호흡은 사람의 생명 유지에 필수적이기 때문에 호흡을
어떻게 하느냐가 우리 육체의 건강과 함께 마음에까지 영향을 끼치는 것이에요.
그러므로 우리는 복식호흡을 해야 해요. 복식호흡은 무엇보다도 육체의 건강에 좋아요. 의학박사인
힘스(Hymes)는 복식호흡이 심장병과 고혈압 등에 부작용이 전혀 없는 치료요법으로 부상하고 있다고
했어요. 그리고 여러 학자는 이르기를 복식호흡은 육체와 마음과 신경의 휴식을 가져다준다고 했어요.
신체의 건강과 정서적인 안정을 위해서는 복식호흡을 해야 한다는 말이에요.

❶ 허리를 곧게 세우고 편안한 자세로 앉아요.

❷ 눈은 감는 것이 좋지만 잡념이 많이 생기면 살짝 뜨고 한 곳을
　계속 쳐다보아요.

❸ 두 손을 아래 배(단전)에 모아 잡아요.

❹ 코로 숨을 아래 배가 불러오도록 깊게 천천히 들이마셔요.

❺ 3초 동안 숨을 멈추고 있어요.

❻ 입으로 천천히 숨을 내쉬어요.

❼ 복식호흡을 하는 동안은 다른 생각을 하지 말고 호흡에 집중해요.

❽ 숨을 들이마실 때 '아가야'라고 속으로 말을 하고 숨을 내쉴 때
　'기쁨'이라고 해요. 이때의 문구나 문장은 스스로 만들어서
　할 수 있어요.
　예: 고요한 평안, 잔잔한 사랑, 빛으로 충만, 감사합니다.

❾ 복식호흡이 잘 안 되면 누워서 해도 되어요. 사람은
　똑바로 누우면 복식호흡을 하게 되어요.

❿ 하루에 시간을 정해 10~15분을 규칙적으로
　복식호흡을 해요.

3
chapter

즐겁고 기쁜 마음으로 아기를 품어요
Joyful Character

아무리 열심히 일해도 즐겁게 일하는 사람을 이길 수 없어요.
힘들고 어려운 일이 있어도 즐거운 마음으로 대할 수 있다면 결코 어려운 일에 지지 않아요.
언제나 웃으며 즐거운 마음을 가진 아이가 되도록 태교해요.

임신 5-6주

엄마는요	유방이 당기고, 자궁이 커져 위를 누르게 되는데 매슥거림, 울렁거림, 입덧 등의 증상이 나타나고 변비 또는 두통이 심해지는 경우도 있어요.
아기는요	초음파를 통해 심장이 뛰는 모습을 볼 수 있으며, 본격적인 태아의 모습을 갖추기 시작해요. 팔다리로 발달할 돌기가 보이며 입, 코, 귀가 생겨날 자리를 잡아요. 신장, 간, 폐도 만들어져요.
유의할 점은요	유산의 위험이 큰 시기이므로 약간의 출혈이나 복부 통증이 있을 때는 즉시 병원에 가야 해요. 과로, 심한 운동, 과격한 성생활, 장거리 여행, 술이나 담배는 삼가고 충분한 휴식을 취하는 것이 좋아요.

웃음이

　맑은 시냇물이 흐르고 푸른 나무와 꽃들이 가득한 산속 깊은 곳에서 한 부부가 살고 있었어요.

　서로를 깊이 사랑하고 매일 즐겁게 지내지만, 아이가 없었어요. 부부는 아이를 간절히 원했지만 10년이 지나도 생기지 않았어요.

　하지만 "여보, 우리 조금만 더 기다려 보자.

　꼭 세상에서 가장 사랑스러운 아이가 생길 거야"라고 하며 서로를 위로하고 희망을 늘 품고 있었어요.

　그러던 어느 날 드디어 아기가 엄마의 뱃속에 찾아왔어요.

　부부는 너무나 기뻐서 덩실덩실 춤을 추며 좋아했어요. 열 달이 지난 후 아기가 태어나자, 엄마와 아빠는 항상 즐겁게 살라고 아이의 이름을 '웃음이'라고 지었어요. 웃음이는 이름대로 항상 미소 지으며 노래 부르는 아이로 자라났어요. 매일 아침 숲속으로 산책하러 갈 때마다 노래를 불렀어요.

"고운 햇살이 참 예쁘네요. 향긋한 꽃내음이 나를 웃게 하네요. 내 뺨을 스치는 바람이 미소를 짓네요. 아름다운 세상, 즐거운 오늘 하루, 아~ 행복하네요."

웃음이가 노래를 하면 다람쥐는 손뼉을 치며 장단을 맞추고 종달새는 "짹짹"하며 반주를 했어요.

웃음이의 노래를 숲속의 친구들이 즐거워했지만, 모두가 그런 것은 아니었어요. 부엉이는 눈을 끔벅이며 "낮에는 자고 밤에 일해야 하는데 웃음이 노래 때문에 잠을 못자네"라고 불평을 했어요. 곰돌이도 하품을 크게 하면서 "그러게 말이야, 나는 늦잠을 자고 싶은데 매일 아침마다 웃음이 노래 때문에 못 자잖아!"라고 했어요.

"난 더 자고 싶단 말이야"라고 하면서 곰돌이는 데굴데굴 굴렀어요.

그날 아침에도 웃음이는 환한 미소와 함께 노래를 부르며 숲속을 산책하고 있었어요. 그런데 사과나무 아래서 종달새가 누워있는 것을 발견했어요. 웃음이는 달려가서 종달새를 두 손으로 감싸 올리며 "종달새야, 어디 아프니?"라고 물어보았어요.

"응, 독수리에게 쫓기다가 좀 다쳤어"라고 종달새는 힘없는 목소리로 대답했어요.

"어떡하지! 여기는 깊은 산속이라서 병원은 멀리 있는데..."

"괜찮아 웃음아, 이렇게 내 옆에 있어 주는 건만 해도 난 고마워!"

"종달새야, 내가 노래를 불러줄까? 내가 해 줄 수 있는 것은 이것밖에 없는데..."

"그래, 난 언제나 네 노래를 좋아했어."

웃음이는 사랑이 가득한 눈으로 종달새를 바라보면서 조용하게 노래를 불렀어요.

"어여쁜 종달새야, 하늘의 해님이 네 상처 위에 빛을 비추어 준단다. 부드러운 바람이 네 아픔을 감싸준단다. 어서 힘을 내어 일어나라.
맑은 목소리로 노래 부르는 모습을 보여다오."

미소를 머금고 노래를 듣던 종달새는 부르르 몸을 떨더니 천천히 일어나서 웃음이와 함께 노래를 부르기 시작했어요. 웃음이는 그 모습을 보고 기뻐서 춤을 추며 노래를 했어요. 종달새는 웃음이의 머리 위를 뱅뱅 돌면서 노래를 불렀어요. 웃음이에게 고맙다고 인사를 한 후에 종달새는 집으로 날아 갔어요.

많은 날 동안 비가 오지 않자, 숲속의 라일락, 수선화, 함초롱이 같은 꽃들이 시들기 시작했어요. 다들 고개를 숙이고 늘어져 있을 때 웃음이가 다가와 노래를 부르기 시작했어요. 그러자 꽃들이 생기가 돌면서 밝은 미소와 함께 일어나기 시작했어요. 모두 웃음이의 노래에 맞추어 흔들흔들 춤을 추기 시작했어요.

숲속의 친구들은 웃음이의 노래가 종달새와 꽃들을 치유하고 생기를 주는 것을 보고 신기해하면서 웃음이를 칭찬했어요. 그 이후에는 부엉이도

곰돌이도 누구도 웃음이의 노래에 대해 불평하지 않았어요.

　며칠째 아침에 웃음이가 산책을 오지 않자 숲속의 친구들은 걱정하기 시작했어요. 그래서 부엉이가 웃음이의 집을 살펴보고 "웃음이가 아파, 그동안 우리를 위해 노래를 많이 불러서 그런지 목이 부었고 몸에 열이 나서 며칠째 누워만 있어"라고 숲속의 친구들에게 전해 주었어요. 곰돌이는 숲속의 친구들에게 말했어요.

　"그럼 우리가 모두 웃음이의 집에 가보자!"

　"그래, 좋은 생각이야 모두 가자!"

　너도나도 웃음이의 집에 가자고 했어요.

　너무 많은 친구가 웃음이의 집에 갔기 때문에 웃음이가 누워있는 방에는 들어가지 못하고 마당에 모여서 웃음이를 위해 노래를 부르기 시작했어요. 종달새와 꾀꼬리와 부엉이가 노래하자, 곰돌이는 배를 두드리며 드럼 소리를 냈어요. 딱따구리는 부리를 나무에 부딪치며 장단을 넣었어요. 개구리는 "개굴개굴"하며 반주를 했어요. 원숭이와 다람쥐는 열심히 "웃음이 힘내라"라고 응원을 했어요.

　방문이 스르르 열리면서 웃음이가 나왔어요. 약간 힘은 없어 보였지만 웃음이는 환하게 웃으면서 숲속의 친구들과 노래를 부르며 춤을 추기 시작 했어요. 웃음이는 다 나아서 매일매일 숲속의 친구들과 즐겁게 노래를 하면서 보냈어요.

아기와
태담 나누기 🖤

소중한 아가야, 엄마 아빠는 우리 아가 때문에 얼마나 감사하고 행복한지 모른단다. 네가 우리에게 와 주어서 엄마 아빠는 너무나 기쁘단다.

아가야 네가 이 세상에서 자라날 때 늘 좋은 일만 있지는 않을 거야, 때로는 힘들고 외로울 거야. 하지만 네가 언제나 즐겁고 밝은 마음을 가지려고 노력하면 모든 것을 이겨낼 수 있단다.

'앙천대소'(仰天大笑)라는 말이 있어. '하늘을 우러러보며 큰 소리로 웃는다'는 뜻이란다. 앞으로 네 앞에 문제가 생기면 그 문제만 바라보지 말고 고개를 들어 파란 하늘을 바라보고 크게 웃어 봐. 그러면 너의 기쁨이 다시 샘솟듯이 솟아오를 거야.

사랑해 아가야, 엄마 아빠도 언제나 즐거운 마음으로 너를 사랑할게!

노래 부르기
Singing

곰 세 마리

곰 세 마리가 한 집에 있어

아빠 곰, 엄마 곰, 애기 곰

아빠 곰은 뚱뚱해~

엄마 곰도 뚱뚱해~

애기 곰은 너무 귀여워~

으쓱으쓱 쑥욱쿵!

반짝반짝 작은 별

반짝반짝 하늘이별

아름답게 비치네

아빠 하늘에서도 엄마 하늘에서도

반짝반짝 하늘이별

아름답게 비치네

즐겁고 기쁜 마음으로 아기를 품어요

태아 마사지
Fetus massage

- 마사지하기 전에 편안한 음악을 틀어 놓으면 더 효과적이에요.
- 편안한 자세로 누워 태아 마사지를 시작해요.

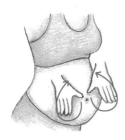

❶ 하트 그리기
아기 배를 바라보며 "아가야, 사랑해"라고 말하며
배꼽을 중심으로 하트를 작게 그리기 시작해 점점 크게 그려요.

❷ 쓰다듬기
양손을 배에 올려놓고 시계 방향으로 쓰다듬으며 원을 그려 주어요.
"아가야, 좋아해"라고 말해요.

❸ 두드리기
"아가야, 환영해"라고 말하며 손가락 끝으로 배를 시계 방향으로
두드려 주어요.

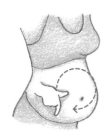

❹ 집기

"아가야, 기뻐"라고 말하며 엄지손가락과 집게손가락으로 배를
시계 방향으로 집으며 돌려주어요.

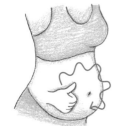

❺ 누르기

"아가야, 너를 기억해"라고 말하며 손가락 끝으로 리듬을 주며 배를
시계 방향으로 눌러주어요.

❻ 아빠와 함께

아빠가 앞의 순서대로 반복해 주면 더욱 좋아요.

즐겁고 기쁜 마음으로 아기를 품어요

배려하는 마음을 가져요
Considerate Character

자기중심적인 사람은 커다란 성에 스스로 갇혀서 사는 것이에요. 작은 것 하나라도 남을 배려하는 사람은 남도, 자신도 함께 공존하며 행복한 삶을 꾸려나갈 수 있어요. 자상하게 배려할 줄 아는 아이가 되도록 태교해요.

임신 7-8주

엄마는요
자궁 앞부분에 있는 방광이 압박을 받으면서 소변을 보는 횟수가 잦아지고 방광염이 생기기도 해요. 호르몬의 영향으로 질 분비물도 많아져요.

아기는요
눈, 코, 입, 귀가 점차 명확해지고, 내부의 주요기관이 급속도로 만들어져요. 머리와 몸통이 구분되고 아주 약하게 태아가 움직여요.

유의할 점은요
수분과 영양이 부족하면 입덧이 더 심해질 수 있기 때문에 신선한 과일과 물을 자주 마셔야 해요.

과수원 주인

    진주같이 까맣고 달콤한 향내가 나는 포도알이 포도나무에 가득 달리자, 과수원 주인인 사자는 수확을 해야겠다고 생각했어요. 일손이 많이 필요했기 때문에 사자는 아침 일찍 시장에 나가서 일꾼들을 구했어요. 하루 동안 일하는데 사과 10개, 바나나 3송이, 포도 10송이를 주기로 하고 고릴라와 침팬지들을 과수원으로 데리고 갔어요.

    과수원 주인인 사자는 다른 볼 일이 있어서 아침 9시에 시장에 갔는데 할 일이 없어서 서성이는 원숭이와 너구리들을 보았어요. 사자가 다가가서 과수원에서 일을 하라고 하자 원숭이와 너구리들은 서둘러서 갔어요. 낮 12시에, 그리고 오후 3시에 시장에 가보니 여전히 일이 없어서 그냥 있는

나무늘보와 코알라를 보고 사자는 똑같이
과수원에 가서 일을 하게 했어요. 오후 5
시에 시장에 나가보니 할 일이 없어서
서 있는 오랑우탄들이 또 있는 것이었
어요. 그래서 사자는 물어보았어요.

"여러분은 왜 일을 안 하고 온종일 놀
고 여기에서 서 있는 것이지요?"

"우리도 간절히 일을 하기 원합
니다. 하지만 아무도 저희를 써
주지 않기 때문에 이러고 있는
것이에요."

"그러면 어서 내 과수원에 가서 일을
하세요. 내가 임금을 상당히 드리겠습니다."

오랑우탄들은 좀 어리둥절했어요. 이미 오후 다섯 시였기 때문에 곧 날
이 저물고, 어두우면 더는 일을 할 수 없기 때문이었어요. 그렇지만 사자가
계속 권하자 남아 있던 모든 오랑우탄이 과수원으로 갔어요.

오랑우탄들이 과수원에서 일을 시작하자마자 1시간이 금방 흘러갔어요.
오후 6시에 날이 어두워지자 사자는 여우에게 맨 나중에 온 오랑우탄부터
시작하여 먼저 온 일꾼들에게 임금을 주라고 했어요.

맨 나중에 온 오랑우탄들은 임금을 받고 사자에게 연거푸 고개를 숙이며 "주인님, 너무나 감사합니다. 저희를 이렇게 생각해 주시고 은혜를 베풀어 주셔서 감사합니다. 정말 많은 복을 받으실 겁니다"라고 말하고 빨리 돌아 갔어요.

오후 다섯 시에 온 오랑우탄들에게 여우가 사과 10개, 바나나 3송이, 포도 10송이를 주는 것을 보고 아침 일찍부터 와서 일한 고릴라와 침팬지들은 더 받을 것이라고 기대를 했어요. 하지만 그들도 똑같이 받자, 과수원 주인인 사자를 원망하며 불평했어요.

"오후 다섯 시에 온 오랑우탄들은 겨우 한 시간밖에 일을 안 했는데, 온

종일 수고하고 더위를 견딘 우리와 똑같이 준다는 것이 말이 됩니까?"

"아침에 그렇게 받고 일을 하겠다고 하지 않았나요. 약속대로 주었는데 뭐가 문제이죠? 맨 나중에 온 오랑우탄들이 어떤 형편에 있는지 정말 몰라서 나한테 이런 불평을 하나요? 내 돈을 가지고 내가 좋다고 생각하는데 쓸 수 없나요? 당신들은 내가 선한 것을 악하다고 보는 건가요?"

사자가 엄하게 말을 하자 모두가 말을 하지 못하고 다 집으로 돌아갔어요. 아침 일찍부터 일을 한 고릴라와 침팬지들은 어제도 일을 했고 그제도 일을 했어요. 그들은 몸이 건장하고 기술이 있기 때문에 언제나 제일 먼저 뽑혀서 일을 나갈 수 있기 때문이에요. 그래서 임금을 계속 받았기 때문에 집에 먹을 것을 많이 사놓을 수가 있었어요.

하지만 오후 5시에 일을 한 오랑우탄들은 나이 들고 몸이 약하게 보여서 아무도 일을 시키지 않았어요. 그래서 어제도 일을 못했고 그제도 일을 못했어요. 그들의 가족은 며칠째 먹을 것이 없어서 아빠가 일을 하고 먹을 것을 가져오기만을 간절히 기다리고 있었어요. 그래서 오랑우탄들은 임금을 받자마자 집으로 달려가서 현관문에서부터 소리를 쳤어요.

"얘들아, 아빠가 맛있는 것 많이 가지고 왔다. 어서 다 같이 저녁을 먹자!"

"우아! 정말 맛있는 것이 많네. 아빠, 고마워요. 잘 먹을게요."

아기 오랑우탄들은 오래간만에 보는 맛있는 과일들을 보고 허겁지겁 먹기 시작했어요. 그 모습을 보고 있는 아빠 오랑우탄은 너무 예쁘기도 하고 미안하기도 해서 눈물을 흘렸어요. 그리고 불쌍하다고 그냥 먹을 것을 주

지 않고 일을 하게 한 다음에 임금을 주어서 자존심도 지켜주고, 먼저 먹을
것을 주어서 빨리 아이들과 저녁을 먹을 수 있도록 배려해준 과수원 주인
인 사자에게 다시 한번 마음속으로 말했어요.

'정말 고맙습니다!'

아기와 태담 나누기

　　푸른 하늘같이 맑고, 별같이 빛나는 우리 아가야. 너는 세상에서 가장 예쁘고, 강하고, 착한 마음을 가진 아이가 될 거야. 착한 마음을 가지려면 다른 사람의 마음과 형편을 잘 살필 줄 알아야 한단다. 그래서 '역지사지'(易地思之)라는 말이 있어. '다른 사람의 처지에서 생각하라'는 뜻이야.

　　나만 생각하면 욕심이 생기고 거친 사람이 된단다. 하지만 다른 사람의 입장에서 생각하고 그 형편을 살피면 쉽게 화를 내거나 오해하지 않고 따뜻한 마음이 생겨서 돕고 싶어져. 우리 예쁜 아가는 그렇게 다른 사람들을 잘 배려해 주는 깊은 마음을 가진 사람으로 자라나게 될 거야. 엄마 아빠가 그런 마음을 가질 수 있도록 도와줄게.

　　엄마 아빠는 단 한 순간도 너를 잊지 않을 거야. 언제나 우리 아가를 생각하며 사랑할 거야!

태어날 아기를
상상하며 색칠하기

태어날 아기를 기대하며
예쁘게 색칠해 보세요.

배려하는 마음을 가져요

모든 것을 변화시킬 수 있는 긍정적인 마음을 키워요

Positive Character

이 세상에는 언제나 슬프고 힘든 일이 일어나요. 그것을 피할 수는 없어요. 하지만 긍정적인 마음과 시각이 있다면 그 모든 고난에 무너지지 않고 오히려 축복의 통로로 삼을 수 있어요. 언제나 긍정적인 마음을 가지는 아이가 되도록 태교해요.

임신 9-10주

엄마는요

입덧으로 인한 구토증이 심해지고 가슴이 커지며, 만지면 통증도 느껴져요. 자궁은 주먹 크기 정도로 커지면서 방광을 압박하게 되어 소변을 자주 보게 돼요.

아기는요

손가락, 발가락의 형태가 뚜렷해지고 팔다리를 움직여요. 입술, 턱, 뺨 등 얼굴 윤곽이 선명해지고 눈꺼풀과 귀도 뚜렷해져요.

유의할 점은요

질 분비물이 많아지므로 청결에 유의해야 해요. 유산에 특히 주의하고 주기적인 진단을 받아야 해요. 임신으로 인한 불안한 감정과 우울증을 앓을 수도 있어요. 이러한 감정 변화는 아기에게 좋지 않은 영향을 끼치므로 가족의 도움을 받아 마음을 편안하게 해야 해요.

끝순이가 간다

　끝순이 가족은 엄마 아빠 그리고 큰 언니, 꽃순이와 둘째 언니, 똑순이에요. 엄마 아빠는 첫 딸을 낳고 너무나 예뻐서 '꽃순이'라고 했고, 둘째 딸은 똑똑한 아이가 되라고 '똑순이'라고 이름을 지어 주었어요. 두 언니는 그 이름대로 정말 예쁘고 똑똑하게 자라났어요.

　셋째가 태어났을 때 엄마 아빠는 이제 딸은 그만 낳고 아들이 태어나기를 바라는 마음으로 '끝순이'라고 이름을 지어 주었어요. 하지만 그 이후로 아이는 태어나지 않았고 끝순이는 평범한 아이로 자라났어요.

　엄마 아빠는 예쁘고 똑똑한 두 언니를 많이 사랑했지만, 끝순이는 별로 예뻐하지 않았어요. 동네 아이들도 끝순이를 볼 때마다 이름을 가지고 놀렸어요. "끝순아, 넌 언제 시작할래? 넌 이제 끝이야, 끝!" 그리고 끝순이는 약간 다른 아이들보다 귀가 컸어요. 그것 때문에도 아이들이 "끝순이 귀는 당나귀 귀래요"라고 놀리곤 했어요. 그래서 끝순이는 언제나 슬펐어요. 자주 "왜 나는 언니들처럼 예쁘지도 않고 똑똑하지도 않을까? 왜 내 귀는 이렇게 큰 걸까?"라고 혼잣말로 투덜대곤 했어요.

어느 날 끝순이는 길을 가다가 무거운 짐을 혼자 들고 가는 할머니를 보고 "할머니, 제가 들어드릴게요"라고 하며 할머니의 집까지 짐을 들고 같이 갔어요. 그 할머니는 혼자 사시지만 지혜롭고 언

제나 밝은 미소를 짓고 있었어요. 할머니는 끝순이에게 고맙다고 하시면서 맛있는 것을 만들어 주셨어요. 그리고 여러 가지 대화를 하면서 끝순이와 금방 친해지게 되었어요. 그날 이후 끝순이는 심심하거나 속이 상하면 할머니를 찾아가서 이런저런 이야기를 나누면서 하소연을 하기도 했어요.

"할머니, 왜 엄마 아빠는 언니들만 예뻐할까요? 저도 똑같은 자식이잖아요?"

"왜 저는 언니들처럼 예쁘지도 않고 똑똑하지 않을까요?"

"결정적으로 저는 왜 이렇게 귀가 클까요? 아이들이 저보고 당나귀 귀라고 놀리는데 전 할 말이 없어요."

할머니는 이런 말을 들을 때마다 부드러운 미소를 지으며 끝순이가 긍정적인 마음을 가지게 했어요.

"끝순아, 네가 언니들처럼 예쁘지도, 똑똑하지도 않은지는 모르겠지만 너는 이 세상 사람 그 누구보다도 더 좋은 것을 가지고 있단다."

"그게 뭔데요?"

"너의 귀. 너의 귀가 다른 사람들보다 조금 더 큰 것은 놀라운 축복이란다. 너는 누구보다도 소리를 잘 들을 수 있거든. 특히 마음이 상하고 아픈 사람들의 이야기를 잘 들을 수가 있어. 사람들은 자기 마음이 속상할 때 누군가가 진심으로 잘 들어주기만 해도 위로가 되고 치유가 되거든. 이 세상에는 좋은 것과 나쁜 것들이 섞여 있어. 그런데 사람은 그중에 한 가지를 선택할 수 있단다. 나쁘기만 한 것은 없어. 네가 좋은 것을 선택하면 넌 언제나 행복할 수 있단다."

할머니는 여러 번 이런 말을 해주었지만, 끝순이의 마음이 금방 바뀌지는 않았어요.

그러던 어느 날, 할머니의 집에 끝순이가 놀러 갔는데 할머니는 외출을 하고 계시지 않았어요. 끝순이가 조금 기다리고 있는데 할머니는 한쪽 팔을 붙잡고 집으로 돌아왔어요. 그 모습을 보고 끝순이는 깜짝 놀라서 "할머니, 왜 그러세요? 어디 다치셨어요?"라고 물어보았어요.

"응, 내가 시장에서 고기를 사가지고 오다가 다리 위에서 그만 넘어지고 말았지 뭐냐. 그래서 조금 다쳤단다."

"정말 괜찮으세요? 병원에 가야 하는 것 아니에요?"

"아니야, 괜찮단다. 그래도 얼마나 감사한지 모르겠다."

"뭐가 감사해요. 다치셨는데."

"내가 넘어질 때 머리를 다쳤으면 정말 큰일 났을지도 모르는데 팔만 조금 다쳤으니깐 감사한 거지."

"그게 뭐가 감사해요. 아예 안 다치는 게 좋은 거지요. 그런데 할머니, 고기는 어디 있어요?"

"아, 그거. 내가 넘어질 때 지나가던 어떤 강아지가 물고 갔단다."

"네에? 아이고 아까워라. 할머니가 다치고 고기도 빼앗기고, 오늘은 정말

안 좋은 일만 생겼네요."

"아니야. 크게 안 다쳐서 감사

하고, 고기도 강물에 빠뜨릴 뻔했는데 그나마

강아지가 물고 가서 맛있게 먹었을 테니깐 감사한 거지."

밝은 미소를 지으면서 말하는 할머니를 보고 끝순이는 충격을 받았어요. 그동안 할머니가 긍정적인 마음을 가져야 한다고 말을 할 때는 '그럴 수가 있을까'라는 생각에 크게 감동을 받지는 못했지만 할머니가 나쁜 일을 당했는데도 진심으로 밝게 생각하고 감사하는 모습에 끝순이는 마음이 뜨거워졌어요. 그날 이후로 끝순이는 조금씩 달라지기 시작했어요. 엄마 아빠가 언니들만 예뻐하면 전에처럼 속상해하지 않고 '언니들 때문에 엄마 아빠가 기뻐하셔서서 참 좋다. 나도 엄마 아빠를 행복하게 만드는 딸이 돼야지'

라고 생각했어요. 아이들이 끝순이의 이름을 가지고 놀리면 "그래, 내 이름은 끝순이야. 나한테 사람들이 오면 모든 슬픔과 아픔은 끝이 나고 행복이 시작되거든"이라고 웃으며 대답을 했어요. 아이들은 더는 끝순이가 울거나 속상해하지 않자 다시는 이름을 가지고 놀리지 않았어요.

아기와
태담 나누기

백합같이 순결하고 라일락처럼 향기로운 우리 아가야, 발가락 열 개가, 손가락 열 개가 예쁘고 건강하게 잘 자라라. 눈, 코, 입, 귀도 세상에서 가장 멋있고 건강하게 잘 자라라. 엄마가 제일 맛있고 건강한 것만 너에게 먹여 줄게. 우리 아가는 매일매일 건강하게 잘 자랄 거야.

네가 세상에서 살다 보면 언제나 좋은 일만 있지는 않을 거야. 하지만 두려워할 필요는 없단다. '심청사달'(心淸事達)이라는 말이 있어. '마음이 깨끗해야 모든 일이 잘 이루어진다'라는 뜻이란다. 힘들고 어려운 일이 생기기 마련이지만 우리 아가가 마음을 깨끗하게 하고 긍정적인 마음으로 살면 그 모든 것을 이겨내고 행복하게 살 수 있단다. 엄마 아빠가 그렇게 밝고 맑은 마음을 너에게 심어줄게. 우리 같이 날마다 빛으로 걸어가자. 그래서 어떤 어둠도 이길 수 없는 빛의 사람이 되자꾸나!

초기 순산 체조와 스트레칭

❶ 편안한 걸음으로 20분
정도 걸어요.

❷ 다리를 어깨너비로 벌리고 앉아요.
괄약근과 질 근육을 배꼽을 향해 천천히
조여 올린 뒤 4초 동안 멈추고, 다시
천천히 풀어 주어요. 같은 동작을 5회
반복해요.

❸ 양손을 가볍게 여러 번 털어
손목을 풀어 주어요.

❹ 목을 한 바퀴씩 돌려 목 관절을 풀어 주어요.

❺ 어깨 끝점과 귀가 맞닿는 느낌으로 어깨를 힘 있게 올려서 5초 동안 정지하였다가 팔을 툭 내려놓기를 4회 반복해요.

❻ 한쪽 팔을 반대편 어깨 쪽으로 쭉 펴요. 반대편 팔로 팔꿈치를 감싸서 당겨주어요. 곧게 뻗은 팔은 바깥으로 밀어 주고 고개는 반대쪽으로 돌려요. 방향을 바꾸어 2회 반복해요.

❼ 손을 깍지 껴서 가슴 앞으로 쭉 내밀고 고개를 숙여 배꼽을 바라봐요. 같은 동작을 4회 반복해요.

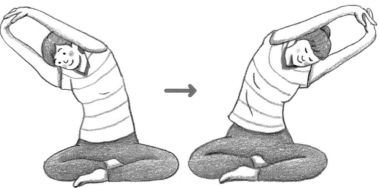

❽ 손을 깍지 껴서 위로 쭉 올린 다음 양옆으로 몸을 늘이듯 기울여요. 같은 동작을 4회 반복해요.

모든 것을 변화시킬 수 있는 긍정적인 마음을 키워요

❾ 주먹을 쥐고 팔을 양옆으로 벌렸다가 모으기를 4회 반복해요.

❿ 가슴 앞에서 깍지 끼고 팔꿈치 붙인
자세로 아래위로 올렸다가 내리기를 4회
반복해요.

⓫ 팔을 X자로 깍지를 끼고 가슴 쪽으로 끌어 당겨 앞으로 쭉
내민 다음 위로 올려요. 같은 동작을 4회 반복해요.

⓬ 한쪽 손을 바깥쪽으로 쭉 뻗어요.
반대편 손으로 손가락을 잡고 손등 쪽으로
당기기를 4회 반복해요.

❸ 양손과 손목을 직각으로 만들어 손끝이 양옆 바깥을 향하여 1회,
안쪽을 향하여 1회 꺾어요. 같은 동작을 4회 반복해요.

❺ 손바닥을 맞대고 밀면서 복근에
힘을 주어요. 5초 동안 정지했다 풀기를
4회 반복해요.

❹ 다리를 같은 방향으로 굽혀 앉은 다음 두 손을 머리 뒤로 깍지 껴서
올린 상태로 몸을 세운 뒤 반대 방향으로 상체를 틀어주어요. 같은 동작을
4회 반복해요.

❻ 양손을 뒤로 깍지 껴서 꼬리뼈를
두드려요. 20회씩 4회 반복해요.

모든 것을 변화시킬 수 있는 긍정적인 마음을 키워요

절제하는 마음으로 아기를 지켜요
Temperate Character

아무리 좋은 것이라도 너무 많이 취하면 오히려 해가 되어요. 그래서 먹는 것도, 운동하는 것도,
취미생활을 하는 것도 절제하며 즐길 때 가장 좋은 것이 되어요. 특히 임신 중인 엄마는 많은 것에
절제해야 하지요. 아름다운 절제를 할 줄 아는 아이가 되도록 태교해요.

임신 11-12주

엄마는요	입덧이 가라앉으면 식욕이 늘어요. 혈액 공급이 증가해 복부, 다리 등 정맥이 보여요.
아기는요	뇌세포와 척추 세포들이 급격히 성장하며 외부 생식기도 발달해요. 손가락과 발가락 모양이 또렷하게 잡히고 손톱, 발톱도 생겨요. 크기는 커다란 자두만 해요.
유의할 점은요	현기증이 나거나 정신이 어지러워질 수 있고 평소보다 땀 배출이 많아지니까 물을 많이 마셔야 해요.

행복한 연못

　감나무 숲 한가운데 행복한 연못이 있어요. 연못 주위에는 언제나 새들이 와서 노래를 부르고 개구리들이 반주를 해요. 이 연못의 물을 마시면 기분이 좋아지고 행복해지기 때문에 '행복한 연못'이라고 불리는 것이에요. 아침마다 연못에 곰과 여우와 사슴과 너구리와 토끼 등이 모여서 연못의 물 한 잔을 마시며 즐겁게 이야기를 나누어요. 그렇게 행복한 마음으로 하루를 시작하는 거예요.

　그런데 감나무 숲에서는 옛날부터 지켜오던 전통이 있어요. 행복한 연못의 물은 각자 하루에 한 잔만 마신다는 것이에요. 그래서 모두가 욕심을 내지 않고 한 잔만 마시면서 행복하게 지냈어요.

토끼는 아침에 친구들과 행복한 연못의 물을 마시고 기분이 좋았지만, 오후에 거북이와 달리기 시합에서 지고 나서는 매우 기분이 좋지 않았어요. 창피하고 분하고 억울한 마음을 토끼는 어떻게 할 수가 없었어요. 토끼는 씩씩대며 '아! 너무 분하고 억울하다. 행복한 연못의 물을 한 잔 더 마셔서 이 기분을 씻어내야겠다. 뭐, 한 잔 더 마신다고 큰일이 나지는 않을 거야'라고 생각하고 행복한 연못으로 갔어요. 주위를 둘러보고 아무도 없는 것을 본 후에 토기는 연못의 물을 한 잔 더 쭉 들이켰어요. 잠시 후에 마음

이 다시 기뻐지기 시작했어요. 토끼는 노래를 부르며 집으로 돌아갔어요.

그다음날 오후에 토끼의 집에 달팽이가 찾아왔어요. "토끼야, 너 어제 거북이랑 달리기 시합에서 졌다며, 오늘은 내가 도전할 테니깐 나하고도 시합을 하자"라고 달팽이가 웃으며 말했어요. 토끼는 달팽이가 자기를 놀리고 있다는 것을 알자, 몹시 기분이 나빠졌어요. '우아! 이제 달팽이한테도 무시를 당하고... 어제보다 더 기분이 안 좋네.' 토끼는 분하고 슬픈 마음을 가지고 행복한 연못으로 달려갔어요. 이미 아침에 한 잔을 마셨지만, 토끼는 기분이 좋아지려고 연거푸 두 잔을 더 마셨어요.

며칠 후 토끼가 숲길을 걷고 있을 때 "토끼야, 어디 가니?"라고 굼벵이가 물어보았어요. "응, 그냥 산책하는 중이야"라고 토끼가 대답하자, 굼벵이가 미소를 지으며 "그럼 나랑 달리기 시합하자! 내가 지면 맛있는 것을 줄게"라고 했어요. 토끼는 너무 화가 났어요. 자기가 거북이에게 달리기 시합에서 진 것이 온 숲에 소문이 나고, 이제 굼벵이에게도 놀림을 당한다고 생각하니 기가 막혔어요.

토끼는 얼굴이 붉으락푸르락해져서 행복한 연못으로 달려갔어요. 토끼는 주위를 돌아보지도 않고 연거푸 석 잔을 마셨어요. 연못의 물은 평소와 다르게 수위가 많이 낮아져 있었지만, 토끼는 알아차리지 못하고 기분이 다시 좋아지자, 그냥 집으로 돌아갔어요.

다음 날 아침, 평소대로 토끼는 흥얼거리면서 행복한 연못으로 갔어요.

하지만 분위기가 이상했어요. 숲속의 친구들은 한군데 모여서 웅성거리고 있었고, 늘 들리던 새들의 노랫소리가 하나도 나지 않았어요. 개구리의 울음소리도 들리지 않았고, 무엇보다 연못 주위의 감나무의 이파리들이 시들어버렸어요. 토끼는 불길한 마음으로 연못에 가까이 가보았더니 물이 하나도 없는 것이에요. 토끼는 심장이 두근두근 거리며 얼굴이 빨개졌어요. 숲속의 친구들에게 토끼는 기어들어 가는 목소리로 말을 했어요.

"나 때문이야…"

"왜 너 때문인데?" 늑대가 눈을 동그랗게 뜨고 물어보았어요. "내가 요즘 속상한 일이 생겨서 행복한 연못의 물을 하루에 한 잔 이상씩 마셔댔거든… 미안해. 내가 절제를 하지 못하고… 이런 일이 일어날 줄은 정말 몰랐어." 그러자 여우도 머리를 끄떡이며 말했어요. "사실은 나도 요즘 아이들이 속을 썩여서 행복한 연못의 물을 하루에 몇 잔씩 마셨어. 미안해. 내가 우리 숲의 전통을 지키지 못했어." 그러자 호랑이도 한숨을 푹 쉬면서 "아냐, 내가 가장 잘못했어. 내가 얼마 전에 부부싸움을 하고 나서 연못의 물을 얼마나 많이 마셨는데 몰라. 미안해. 친구들아!"라고 했어요.

"그럼 이제 어떻게 되는 거지?" 고개를 떨구며 사슴이 말했어요. 감나무 숲에서 가장 나이가 많은 너구리 할아버지가 "아주 오래전에도 이런 일이 있었어. 그래서 다들 하루에 한 잔만 마시기로 약속을 한 거야. 하지만 괜찮아. 우리가 연못에게 미안하다고 하고 진심으로 뉘우치고 서로 화해하면

물은 다시 차오를 거야'라고 말하며 숲속의 친구들을 위로해 주었어요.

숲속의 친구들은 토끼와 여우와 호랑이를 차례로 껴안아 주면서 용서하고 위로를 해 주었어요. 달팽이와 굼벵이는 토끼에게 놀려서 미안하다고 사과를 했어요. 토끼도 자기 잘못으로 생긴 일인데도 분해하고 억울해한 것을 미안하다고 했어요. 여우도 자녀들과 화해를 했고, 호랑이 부부도 서로 잘못했다고 사과를 하고 관계가 다시 회복되었어요.

그리고 한 열흘이 지난 후에 행복한 연못의 물이 다시 차오르기 시작했어요. 그러자 새들이 다시 와서 노래하고 개구리들도 팔짝팔짝 뛰면서 춤을 추었어요. 감나무 잎에 다시 짙은 초록빛을 띠고 감이 열리기 시작했어요. 숲속의 친구들도 예전처럼 매일 아침마다 모여서 연못의 물을 마시면서 즐겁게 하루를 시작했어요. 이제는 누구도 욕심을 내지 않고 속상한 일이 생겨도 잘 절제하면서 하루에 한 잔만 마시며 행복하게 지냈어요.

아기와
태담 나누기

이 세상에서 가장 소중한 아가야, 너는 어떤 보배보다 엄마 아빠에게 더 귀하단다. 엄마 아빠는 영원히 너를 사랑하고 또 사랑할 거야. 너보다 더 귀하게 여기는 것은 절대로 없을 거야. 아가야, 네가 이 세상에서 살다 보면 좋은 것이 많이 있다는 것을 알게 될 거야. 그런데 그 좋은 것도 적당히 취해야지 지나치게 취하고 즐기려고 하면 오히려 해가 된단다.

'안분지족'(安分知足)이라는 말이 있단다.

제 분수를 지키며 만족할 줄 아는 모습을 의미하고 절제할 줄 아는 태도를 나타내는 표현이란다. 즐길 수 있는 좋은 것이 많이 있어도 자기 분수에 맞게 잘 절제하는 사람이 진짜 행복한 삶을 살 수 있단다. 엄마 아빠도 너를 위해 많은 것을 절제하고 있어. 우리 아가도 이런 마음을 가져서 이 세상 누구보다 더 행복한 사람이 될 거야. 엄마 아빠가 도와줄게.

동시 쓰기

동시를 따라 써보면서, 밑그림에 예쁘게 색칠하고 태어날 아가와 가족을 축복해 주세요.

사랑의 씨앗

권지은

어느 날 작은 새는 사랑의 씨앗을
아빠에게 전해줬어요.

아빠는 엄마에게 그 씨앗을 품게 했죠.

엄마는 씨앗을 소중히 여기며
물과 양분, 햇빛을 사랑으로 듬뿍 담아
정성 들여 키웠답니다.

아빠 엄마는 매일 매일 기도하며
기다린답니다.

그 씨앗이 예쁜 열매 맺기를...

당신은 내게

권지은

당신은 내게
생명의 씨앗을 품게 해 주셨습니다.
그 작은 씨앗은 아름다운 열매를 맺어
우리에게 올 것입니다.

당신은 내게
아름다운 사랑을 심어주었습니다.
모성애의 사랑을 내게 일깨워 주었습니다.
그 씨앗을 품고 있는 지금, 이 순간
사랑으로 우리는 하나가 되었습니다.

당신은 내게
희망을 만들어 주었습니다.
작은 요정 하늘이가 우리의 끈이 되고
우리의 내일이 되고 우리의 희망이 될 것입니다.

당신은 내게
행복이란 두 글자를 선물해 주었습니다.
엄마로서의 행복을... 여자로서의 행복을...
당신의 사랑을 듬뿍 받은 나는 어제보다는 지금이
아니 내일이 더 행복할 것입니다.

당신은 내게
모든 것을 주었습니다.
이런 당신을 나는 너무도 사랑합니다.
하늘이와 함께 할 미래도 나는 사랑합니다.
소중한 당신이 있기에...

절제하는 마음으로 아기를 지켜요

몸과 마음을 치유하는 감사의 마음을 키워요

Grateful Character

사람들은 안 좋고 힘든 것만 보고 불행하다고 해요. 하지만 이 세상에는 좋은 것들로 가득 차 있어요. 없는 것을 가지고 슬퍼하지 말고 있는 것에 감사하고 즐거워할 수 있다면 가장 행복한 사람이 될 수 있어요. 감사를 잃지 않는 아이가 되도록 태교해요.

임신 13-14주

엄마는요	입덧이 멈추고 식욕이 좋아져요. 자궁이 커지면서 아랫배가 볼록하게 나오고 유방이 커지며 유두 색깔이 짙어져요. 아랫배부터 옆구리, 엉덩이, 허벅지에 지방이 붙으면서 점점 임산부 체형을 갖추게 되어요.
아기는요	솜털이 나고 생식기가 발달해 남녀의 구별이 가능해져요. 아기는 굽었던 자세에서 등을 펴게 되면서 목은 더 길어지고 고개는 똑바로 세워져요. 뼈 조직과 갈비뼈가 나타나게 되어요.
유의할 점은요	식욕이 생기기 시작하는 시기여서 균형 잡힌 식사를 통해 체중 관리를 꾸준히 하고, 배, 가슴, 엉덩이, 허벅지 등 피부가 건조해지지 않도록 수분을 보충하고, 튼살 예방 크림을 사용해 튼살이 생기지 않게 해요.

감사 약국

    초록마을 가운데는 약간 높은 언덕이 있어요. 그곳은 마을의 중심이고 여러 길로 갈 수 있는 곳이기 때문에 항상 사람들이 지나다녀요. 그 언덕 위에 유명한 감사 약국이 있어요. 왜 유명하냐고요? 초록마을 사람들뿐만 아니라 그 주변 마을에서도 감사 약국을 모르는 사람은 없을 정도로 많은 사람이 그곳을 알고 좋아하기 때문이에요.

    약국 바로 앞에 있는 버스 정류장에서 어르신들이 서 있으면 약사는 "어르신, 날씨도 더운데 버스 기다리시는 중에 잠깐 약국에 들어오셔서 시원한 비타민 음료를 드세요. 제가 서비스해 드릴 게요"라고 하면서 어르신들을 시원한 약국으로 모시고 들어가서 어르신들의 이야기를 들어주곤 해요.

지나가는 아이들이 있으면 약사는 손짓하며 불러들여서 사탕이나 아이스크림 등을 주어요. 그래서 특별히 약을 사지 않아도 동네 사람들은 자주 약국에 가서 건강이나 삶의 고민 등을 상담하고 재미있게 대화를 하곤 해요.

그런데 감사 약국을 가장 유명하게 한 것은 이 모든 것이 아니라, '감사 약' 때문이에요. 원래 약국의 이름은 '사랑 약국'이었지만 이 '감사 약'이 너무나 유명해졌기 때문에 사람들은 '감사 약국'이라고 불러요.

'감사 약'은 많은 병을 잘 낫게 했지만, 특히 배가 아픈 환자들에게 가장 효과가 많이 있어요. 이 약을 먹을 때는 반드시 "감사합니다"라는 말을 세 번 하고 먹어야 하므로 '감사 약'이라고 불리는 거예요. 감사 약을 받아 가는 환자들에게 약사는 언제나 "이 약은 그냥 먹으면 별로 효과가 없어요. 하지만 진심에서 세 가지 감사한 것에 대해서 '감사합니다'라고 말을 하고 먹으면 큰 효과를 볼 수 있어요"라고 했어요.

처음에는 대부분의 환자가 '뭐, 꼭 그렇게까지 해야 하나!'라는 생각에 주저했지만, 약사의 말대로 "감사합니다"라고 세 번 말하고 약을 먹은 사람들은 거의 모두 다 배가 아픈 것이 나았어요. 사람들은 이웃에게, 약사에게 감사 약이 얼마나 효과가 있었는지 이야기해 주었어요.

"처음에는 약사가 하도 강조를 해서 그냥 '감사합니다'라고 형식적으로 말을 하고 먹었어요. 하지만 '감사합니다'라는 말을 며칠 하니깐 '난 정말 없는 것이 너무 많고 참 불행하다'라는 생각을 많이 했는데 '난 불행한 것만 있는 것이 아니라 감사한 것도 많구나'라는 생각이 들면서 진심에서 '감사합니다'라고 하게 되었어요. 그랬더니 그렇게 오랫동안 배가 아프던 것이 싹 낫고 마음도 많이 밝아졌어요."

"약을 먹기 시작할 때는 감사할 게 별로 없다고 생각했는데 자꾸 하다보니깐 감사할 것이 엄청 많다는 것을 깨닫게 되었어요. 그래서 정말 많은 것을 감사하게 되었어요. 내가 살아 있다는 것, 숨을 쉴 수 있다는 것, 파란 하늘을 볼 수 있다는 것, 붉은 저녁놀을 볼 수 있다는 것, 밥을 먹을 수 있다는 것, 좋은 친구들과 가족이 있다는 것, 길가에 진달래를 보고 참 예쁘다고 느낄 수 있다는 것, 내 뺨을 스치는 산들바람이 있다는 것... 나중에는 눈물이 날 정도로 감사하고 기쁨이 샘물처럼 내 안에서 흘러나오기 시작했어요. 그랬더니 내 만성두통과 위염이 씻은 듯이 낫게 되었어요."

이렇게 사람들이 약의 효과에 대해 소문을 내기 시작하자 더 많은 사람이 감사 약을 먹게 되었고, 병이 나을 뿐만 아니라, 삶도 건강하고 행복해졌어요. 사람들이 점점 더 많이 감사 약국으로 몰리게 되자 주변 마을에 있던 약국들은 감사 약에 대해 궁금해하면서 손님이 엄청나게 많아진 것에 대해 질투를 하기 시작했어요.

그중에 한 약사가 환자인 척하고 감사 약국에 가서 감사 약을 받아왔어요. 그리고 약을 분석해 보니 어떤 대단한 약 재료가 있는 것이 아니라 주변에서 흔히 볼 수 있는 고구마, 호박, 당근, 부추, 미나리의 가루와 꿀이 조금 들어있을 뿐이었어요. '이것은 그냥 평범한 건강보조 식품이잖아. 그런데 이것이 왜 그렇게 약효가 좋은 거지'라고 고민을 했지만, 그 답을 찾을 수가 없었어요. 결국, 주변에서 약국을 하는 약사들은 그냥 똑같은 재료를 가지고 감사 약을 만들어서 팔기 시작했어요. 약을 먹을 때는 세 번 '감사합니다'라는 말을 해야 한다는 당부도 잊지 않았어요. 하지만 어느 정도 효과는 있었지만, 감사 약국에서 살 수 있는 감사 약과는 비교할 수 없을 만큼 효과가 약했어요.

주변의 약국에서는 감사
약의 가장 중요한 성분
을 알아내지 못했기 때문
에 똑같은 효과를 볼 수가 없
었던 것이에요. 감사 약국의 약
사는 가난한 집에서 태어나서 약사가 되기
까지 많은 어려움이 있었어요. 하지만 감사의 위
대한 능력을 알고 나서부터는 그의 삶은 놀랍게 변화가 되었어요. 약사가
된 것도 감사 약을 만들어서 사람들의 몸과 마음을 치유하기 원했기 때문
이에요.

　감사 약의 재료가 되는 고구마, 호박, 당근 등을 직접 재배를 했어요. 물
론 혼자서 다 한 것은 아니지만 시간이 날 때마다 밭에 가서 감사하며 씨를
심고 식물들에게 "이렇게 잘 자라나서 감사해요. 앞으로 사람들의 상한 마
음과 몸을 잘 치료해 주세요"라고 말을 하며 정성껏 재배했어요. 그리고 감
사 약을 마음에 스트레스가 쌓이고 근심이나 분노가 많아서 병에 걸린 사
람들에게만 처방했어요. 무엇보다 감사 약이 효과를 보는 가장 큰 이유는
약사는 환자들과 되도록 긴 상담을 통해 그들의 말을 들어주고 그들의 아
픔에 대해 같이 마음 아파하며 그들을 사랑하는 마음을 가진다는 것이에
요.

이것은 많은 시간과 정성이 필요하기 때문에 감사 약국의 약사는 사람들이 많은 대도시에서 약국을 연 것이 아니라 조그마한 시골에서 약국을 연 것이에요. 시간이 지나면서 감사 약을 먹지 않는 사람들도 모든 것에 감사하기 시작했어요. 그러자 감사 약국의 마을에서는 아픈 사람들이 점점 줄어들었고 얼굴이 환해지며 웃음이 넘치는 사람들이 많아지게 되었어요. 서로 대화할 때도 자주 입에서 예쁜 말들이 흘러나왔어요.

"감사합니다. 참 좋습니다. 괜찮아요. 이 은혜를 잊지 않겠습니다."

아기와
태담 나누기

푸른 하늘같이 맑고 아름다운 아가야, 하늘나라에서 이렇게 엄마의 뱃속으로 와 주어서 고맙다. 너처럼 예쁜 아가의 엄마 아빠가 될 수 있게 해 주어서 얼마나 고마운지 모른단다. 그리고 매일매일 무럭무럭 잘 자라주어서 고마워, 아가야. 엄마 아빠는 네가 준 이 놀라운 기쁨을 평생 잊지 않고 고마워할 거야.

네가 세상에서 앞으로 살다 보면 너를 힘들게 하는 사람이나 일들이 있을 거야. 하지만 너에게 은혜를 베풀고 도와주며 친절하게 대해 주는 사람들도 많이 있을 거란다. 아가야, 네가 행복하게 살려면 그 사람들에 대한 고마움을 늘 느끼며 표현을 해야 해. '감지덕지'(感之德之)라는 말이 있단다. 이는 '분에 넘치는 듯싶어 대단히 고맙게 여긴다'라는 뜻이야. 네가 사람들뿐만 아니라, 푸른 하늘, 맑은 공기, 새들의 노래, 길가의 작은 꽃, 산들바람을 느끼고 고마워할 수 있다면 어떤 힘든 일도 이겨내고 잔잔한 기쁨의 시내가 늘 네 마음속에서 흐를 거야. 언제나 엄마 아빠의 이야기를 잘 들어 주어서 고마워, 아가야!

감사편지 쓰기

감사를 글로 표현해 보세요. 예쁜 편지지를 색칠하며
남편이나 부모님, 지금, 이 순간 생각나는 사람에게 고마운
마음을 적어보세요.

To.

From.

To.

From.

Happy Together

몸과 마음을 치유하는 감사의 마음을 키워요

사랑의 마음을 가득 품어요
Loving Character

세상에서 제일 좋은 것은 사랑이에요. 그래서 많은 사람이 사랑을 추구해요. 하지만 낭만의 화살 하나를, 지나가는 열정을, 소유하고자 하는 욕심을 사랑이라고 해요. 진정한 사랑을 찾은 사람은 가장 행복한 사람이에요. 깊은 사랑을 가진 아이가 되도록 태교해요.

임신 15-16주

엄마는요
기초체온이 내려가고 유산의 위험도 크게 줄어들어요. 자궁이 어린아이 머리 크기만큼 커져서 자궁을 받쳐주는 인대가 늘어나 복부와 허리, 사타구니에 통증을 느끼게 되어요.

아기는요
태반이 완성되고 양수도 늘어나 태아의 움직임이 활발해져요. 손가락과 발가락을 움직이고 근육도 단단해져요. 눈꺼풀은 닫혀 있지만, 눈동자는 양옆으로 조금씩 움직여 빛에 반응을 보이고 딸꾹질을 하기도 해요.

유의할 점은요
같은 자세를 오래 취하다가 갑자기 자세를 바꿀 때 현기증이 나거나 어지럼증 증세가 나타날 수 있어요. 복부나 허리에 부담을 주지 않도록 자세를 자주 바꿔주고, 앉거나 서 있을 때 바른 자세를 유지해야 해요.

사랑이 뭐예요?

　햇볕이 따스하게 비추고 기분 좋은 바람이 솔솔 부는 푸른 들판에서 곰돌이와 곰순이는 재미있게 놀고 있었어요. 그러다가 세상에서 제일 좋은 것이 무엇인지를 가지고 다투게 되었어요. 곰돌이는 "당연히 달콤한 꿀이 세상에서 제일 좋은 거지. 여기에 비할 것을 아무것도 없어"라고 하자, 곰순이는 "글쎄, 그것도 좋기는 하지만 새콤하고 달콤한 산딸기가 세상에서 제일 맛있고 좋은 거야, 네가 맛에 대해 좀 안다면 내 말에 동의할걸"이라고 했어요.

　"나는 맛에 대해 조금이 아니라 많이 알아. 그래서 하는 말인데 산딸기는 너 같은 여자애들이나 좋아하는 거고, 꿀은 모두에게 좋은 것이야"라고 곰돌이는 약간 화가 난다는 듯이 말했어요. "이제 할 말이 없으니깐 남성우월주의로 밀어붙이겠다는 거니? 꿀은 아무리 맛있어도 절대로 많이 먹을 수도 없잖아. 산딸기는 먹고 싶은 만큼 실컷 먹어도 별 탈이 없어. 그리고 살도 안 찐다고. 그러니 얼마나 좋은 거니." 곰순이도 약간 토라져서 쏘아붙였어요. 그 때 지나가다 곰돌이와 곰순이의 다투는 소리를 들은 여우가 한 마디를 던졌어요.

"너희들은 아무것도 모르는구나. 겨우 산딸기나 꿀이 제일 좋다고 하니..."

곰돌이와 곰순이는 눈이 동그랗게 되어서 여우를 쳐다보았어요. 여우는 천천히 걸어가면서 "세상에서 제일 좋은 것은 사랑이야"라고 말했어요. 곰돌이와 곰순이는 여우에게 "사랑이 뭐예요?"라고 동시에 물어보았어요. 하지만 여

우는 아무 대답도 하지 않고 미소를 지으며 멀리 가버렸어요.

곰돌이와 곰순이는 생전 처음 들은 '사랑'이 뭔지 너무나 궁금했어요. "도대체 그것이 얼마나 맛이 있기에 꿀보다 좋다고 하는 거지?" 곰돌이가 머리를 기우뚱하며 말을 하자, 곰순이도 "산딸기보다 더 좋은 것이 있다니... 믿을 수가 없어"라고 하며 호기심으로 눈이 반짝거렸어요.

곰돌이와 곰순이는 사랑에 대해 한참을 생각했지만 아무런 해답을 얻지 못했어요. 그래서 평소에 가장 지혜롭다고 소문난 토끼 아줌마에게 물어보러 갔어요. 저녁에 되어서 맛있는 수프를 끓이고 있던 토끼 아줌마는 곰돌이와 곰순이를 반갑게 맞아주었어요.

"곰돌아, 곰순아, 어서 와라. 우리 집에는 어쩐 일이니?"

"궁금한 게 있어서 왔어요. 아줌마, 사랑이 뭐예요?"

"음, 그걸 어떻게 알려줘야 하나... "

"사랑이 이 세상에서 가장 맛있는 건가요?"

"사랑이 먹는 것은 아닌데... 그래, 그래도 먹는 것으로 설명해 볼까! 사랑은 수프를 만드는 것이야."

"사랑은 수프도 아니고 수프를 만드는 것이라고요? 그게 무슨 말이에요?"

"나는 결혼한 지 20년에 되었단다. 그동안 남편이 나를 너무나 화나게 만든 적도 있고, 남편이 너무 미울 때도 있었어. 그리고 아이들도 나를 엄청

속상하게 한 적도 많이 있었단다. 그런데 나는 어떤 상황이든지, 내 마음이 좋지 않아도 언제나 남편과 아이들을 위해 맛있는 수프를 끓였단다. 그런 것이 사랑이란다."

"곰순아, 너는 무슨 말인지 알아듣겠니?" 곰돌이는 눈을 껌뻑이며 곰순이에게 물어보았어요. 곰순이는 살짝 미소를 지으며 "응, 토끼 아줌마가 무슨 말을 하는지 난 알겠어"라고 대답했어요. 토끼 아줌마의 집을 나온 곰돌이는 여전히 사랑이 무엇인지 확실히 알 수가 없었어요. 그래서 그 동네에서 가장 나이가 많은 다람쥐 할아버지를 찾아갔어요. 열심히 도토리를 줍고 있던 할아버지에게 인사를 한 후에 "할아버지, 사랑이 뭐예요?"라고 곰돌이는 물어보았어요. 그리고는 "그런데, 할아버지, 알아듣기 쉽게 설명해

주세요"라는 말을 덧붙였어요. 다람쥐 할아버지는 미소를 지으며 천천히 말해 주었어요.

"사랑은 추운 겨울에 먹을 것이 모자라서 배고파하는 이웃 다람쥐에게 도토리를 나누어 주는 거란다."

"그러면 할아버지도 먹을 것이 모자라서 굶어 죽을 수도 있잖아요. 그리고 먹을 것이 모자란다는 것은 그 다람쥐가 가을에 열심히 도토리를 모으지도 않은 거고요. 그런 게으른 다람쥐에게 내가 먹을 것을 아깝게 나누어 주어야 하나요?"

"그런 것을 따지지 않는 것이 사랑이야. 그냥 주고 또 주고 싶은 마음이 사랑이란다. 상대가 잘못을 해도 용서해주고, 힘들어하면 가서 꼭 안아주고, 같이 울어주고, 내 모든 것을 희생하더라도 상대를 행복하게 해주는 것

이 사랑이야. 사랑의 세계에서는 계산을 할 수가 없단다. 그래서 사랑은 지혜로운 자들의 것이 아니야."

곰돌이는 눈이 반짝거리며 말했어요. "드디어 사랑이 뭔지 알 것 같아요." 다음날 곰돌이와 곰순이는 다시 만났어요. 둘은 만나자마자 등 뒤에 감추었던 것을 서로에게 주면서 말했어요. "아침 내내 숲에서 찾아온 거야." 곰돌이는 곰순이에게 신선한 산딸기를 잔뜩 주었고, 곰순이는 곰돌이에게 달콤한 꿀 항아리를 주었어요. 서로의 선물을 확인하고 둘은 깔깔대며 말했어요.

"우리도 사랑하나봐!"

아기와
태담 나누기

　　라일락같이 향기로운 아가야, 엄마 아빠는 너를 아주 많이많이 사랑해.
너의 발가락을 사랑해. 손가락도 사랑해. 너의 코도, 눈도, 귀도, 그리고 입
도 사랑해. 너의 어깨도, 다리도, 팔도 사랑해. 너는 너무나도 사랑스럽단다.
이 세상에서 제일 좋은 것은 사랑하는 거란다. 비록 힘들고 어려운 일이 있
어도 네 안에 사랑이 가득하면 넌 언제나 행복할 수 있단다.

　　'옥오지애'(屋烏之愛)라는 말이 있어. '사랑하는 사람의 집 지붕 위에 앉
은 까마귀까지도 사랑한다'는 뜻으로, 지극한 애정을 이르는 말이야. 사랑
하는 아가야, 네가 누군가를 진실하게 사랑한다면 그 사람과 관계된 모든
것이 사랑스럽단다. 더 나아가 이 세상의 모든 사람이, 나뭇잎도, 길가의 작
은 돌멩이도 사랑스럽게 보인단다. 엄마 아빠도 너를 사랑하고 나서부터
세상 모든 아가가 그리고 모든 자연이 사랑스럽게 보이기 시작했단다. 아
가야, 고마워. 그리고 사랑해. 또 사랑해.

사랑의 마음을 가득 품어요

장미 슈거 컵케이크 그리기

태어날 아기를 생각하며 장미 슈거 컵케이크
그리는 법을 배워보도록 해요.

■1■ 연한 분홍색으로 꽃잎들을 하나씩 칠해줍니다. 각 꽃잎들을 하나씩 따로 봤을 때, 아래 부분의 경계선을 가장 진하게 칠하고 위로 갈수록 점점 연해지게 칠해주세요(PC 928 ●).

※참고: PC928 는 그림에 사용된 프리즈마 색연필 고유번호입니다

■2■ 그림과 같이 연한 분홍색을 사용해 꽃잎 아래 부분을 진한 톤으로 칠해주세요.

■3■ 나머지 꽃잎들은 안쪽 깊숙한 곳들이 가장 진하고 바깥으로 꽃잎이 뻗어나가는 방향으로 연해지도록 그러데이션을 해줍니다. 또 빨간색으로 그림과 같이 Love 글자를 써줍니다(PC 923 ● 또는 PC 924 ●).

■4■ 연한 분홍색으로 색의 강약을 주며 색칠했던 장미를 이번에는 진한 분홍색으로 한 번 더 음영을 넣어줍니다(PC 929 ●). 이때 연한 분홍색 칠한 부분을 너무 많이 덮지 않도록 하며, 연분홍색과 진분홍색 두 가지가 자연스럽게 섞일 수 있도록 해주세요. 그리고 빨간색으로 Love 글자를 조금 더 두껍게 칠해주세요.

사랑의 마음을 가득 품어요

5 연한 분홍색으로 컵케이크 윗면에 작은 동그라미들을 그려 넣습니다. 그리고 장미는 진하게 표현된 부분에 자주색을 조금씩 섞어 음영을 더욱 선명하게 표현해줍니다(PC 930 ●). 이 과정은 생략해도 좋아요.

6 컵케이크 윗면은 작은 동그라미를 제외하고 모두 연한 분홍색으로 칠해주세요(PC 928 ●). 그 다음 두께 감을 표현하기 위해 아래 부분에 진한 분홍색으로 얇은 선을 그려 넣습니다(PC 929 ●). 유산지 컵 부분은 스케치했던 황토색으로 그림과 같이 세로 선들을 그려주세요.

7 가운데 기준선의 오른편은 선의 오른쪽을, 왼편은 선의 왼쪽을 황토색으로 그러데이션 해줍니다(PC 1034 ●). 유산지 컵의 빈틈 사이사이에 노란색을 칠해 노란빛을 내주세요(PC 916 ●).

8 갈색으로 유산지 컵의 주름부분을 조금 더 진하게 표현해 줍니다. 황토색으로 칠했던 방법 그대로 칠하며, 아랫부분을 위주로 진하게 해주세요(PC 943 ● 또는 PC 944 ●). 선은 뚜렷하게 잡고 그러데이션을 자연스럽게 해줍니다.

9

9 진한 분홍색으로 장미 밑 부분, 작은 동그라미 아랫부분에 그림자를 표현해 주세요. 그림자의 방향은 왼쪽입니다. 장미의 제일 아래 바닥 선을 진하게 표현하고 왼쪽 아래로 점점 연해지는 그러데이션을 해주는 거예요.

Tip : 그러데이션이란?

1. 색연필 강약 조절하기

색연필을 하나 고른 뒤 쓱쓱 칠해보세요. 처음에는 연하게 칠해보다가 손에 힘을 조금 더 줘서 중간 톤으로, 그리고 마지막에는 힘을 더 줘서 진하게도 칠해보세요. 여기서 중요한 점은 선이 많이 보이게 띄엄띄엄 칠하는 것이 아니라 차곡차곡 쌓아 촘촘한 면이 되도록 색을 얹어보는 거예요.

연한 톤   중간 톤   진한 톤

2. 단색 그러데이션

위에 연습했던 강약 조절을 이번엔 한 번에 이어서 그려보세요. 연한 색감으로 시작해서 점점 손에 힘을 주며 진하게 만들어 주는 거예요. 이게 어렵다면 가장 진한 부분부터 시작해서 연하게 내려오도록 반대로 칠해보세요. 만약 중간 중간에 얼룩이 지고, 제대로 칠하지 못했다면 포기하지 말고 비어있는 부분과 진하게 칠할 부분들을 차곡차곡 채워가면서 자연스러운 그러데이션을 만들어 보세요.

   ※ 그러데이션의
                                                           잘못된 예

사랑의 마음을 가득 품어요

10 이번에는 아래쪽에 서로 교차되는 잎사귀를 연두색으로 그려봅니다(PC 1005 ●).

11 올리브 그린 색으로 각각의 잎의 아래 부분에 진한 음영을 넣어주세요(PC 911 ●). 그리고 각 줄기는 아래쪽에 얇은 선을 그려 넣어 얇은 줄기에도 음영을 표현해 줍니다.

12 연한 분홍색으로 꽃봉오리를 그리고 밑 색을 깔아준 다음, 진한 분홍색으로 봉오리의 꽃잎을 표현하는 선을 그려 완성합니다. 각각의 잎에는 진한 초록색으로 잎맥을 연하게 그려주세요. 이때 가장자리 끝까지 진한 선이 남지 않도록 주의해 주세요(PC 908 ●).

진한 분홍색으로 그림과 같이 밑그림을 그려주세요(PC 929 ●).

바닥부분에는 아래로 볼록한 곡선을 그려줍니다(PC 1034 ●).

사랑의 마음을 가득 품어요

인내하는 마음으로 아기를 기다려요

Patient Character

우리는 뭐든지 빨리 성취하기를 바라는 마음이 있어요. 하지만 어떤 것은 긴 시간 동안 천천히 이루어져야만 해요. 조급함은 많은 일과 인간관계를 어렵게 만들어요. 끈기 있는 인내를 가진 아이가 되도록 태교해요.

> ### 임신 17-18주

엄마는요	체중이 급격히 늘어나고 커진 자궁이 위와 장을 밀어 올려 속 쓰림, 소화불량 증상이 나타날 수 있어요. 임산부 대부분이 이 시기에 첫 태동을 느낄 수 있어요.
아기는요	청각이 완성되고 엄마 아빠의 목소리, 심장 뛰는 소리, 자궁 밖의 소리를 들을 수 있어요. 아기가 활발히 움직이기 때문에 태동을 느낄 수 있으며, 손가락과 발가락에 지문이 완성되어요.
유의할 점은요	심장에서 공급하는 혈액량이 늘어나 혈압이 높아져 코가 충혈 되고 가끔 코피가 나거나 잇몸이 붓고 피가 나기도 해요. 평소에 치아를 잘 관리하고 임신 중독증이나 트러블 예방을 위해 산책이나 임산부 체조를 꾸준히 해야 해요.

복수초(福壽草)

  녹색의 숲속이나 푸른 물결이 이는 들판에서 민수는 놀기를 좋아했어요. 친구들과 놀기도 하지만 혼자 노는 것도 좋아했어요. 민수는 여러 야생화의 향기를 맡고 곤충들의 움직임을 관찰하면서 시간을 보낼 때가 많기 때문이에요.

  어느 날 민수는 들판에서 애벌레 껍질을 벗고 잠자리가 나오는 것을 발견했어요. 민수는 잠자리가 나오려고 너무나도 힘들게 애쓰는 것을 가만히 보다가 불쌍하다는 생각이 들었어요. 잠자리는 꿈틀대지만 시간이 많이 걸리고 빨리 나오지를 못하고 있었어요. 그래서 민수는 애벌레의 몸을 손으로 살짝 벌려서 잠자리가 빨리 나올 수 있도록 도와주었어요. 하지만 애

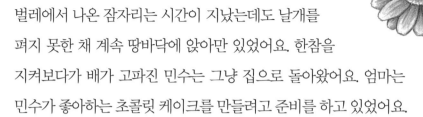

벌레에서 나온 잠자리는 시간이 지났는데도 날개를 펴지 못한 채 계속 땅바닥에 앉아만 있었어요. 한참을 지켜보다가 배가 고파진 민수는 그냥 집으로 돌아왔어요. 엄마는 민수가 좋아하는 초콜릿 케이크를 만들려고 준비를 하고 있었어요.

"우와, 엄마, 지금 초콜릿 케이크를 만들려고 하는 거예요? 빨리 만들어 주세요. 저는 지금 엄청나게 배가 고프거든요."

"그래, 엄마가 맛있게 만들어 줄게. 조금만 기다려라. 그런데 오늘은 뭐하다가 왔니?"

"제가 들판에서 잠자리가 애벌레 껍질을 벗고 나오는 것을 발견했어요. 그런데 잠자리가 애벌레에서 너무나 힘들게 나오는 것 같아서 제가 빨리 나올 수 있도록 애벌레의 몸을 조금 찢어주었더니 잠자리가 잘 나왔어요. 그런데 날개가 펴지지도 않고 땅에 웅크리고 앉아만 있었어요. 잠자리가 날기를 기다리다가 배가 고파서 그냥 집에 온 거예요."

민수의 말을 들은 엄마는 잠시 민수를 미소를 띠고 바라보았어요. 그리고 천천히 민수에게 말을 했어요.

"민수야, 여기 밀가루 반죽을 조금 먹어볼래?"

"왜요?"

"왜 먹으라고 하는지 그 이유를 말해 줄 테니깐 우선은 조금만 먹어봐!"

민수는 인상을 찌푸리면서 밀가루 반
죽을 조금 맛보았어요.

"우웩, 맛이 이상해요."

"그렇지! 맛이 지금은 전혀
없지. 하지만 발효를 시키고
긴 시간 뜨거운 오븐에서 익
혀지고 난 다음에는 네가 좋아하
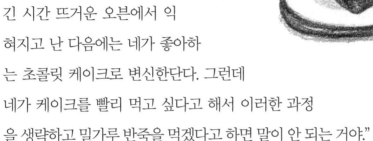
는 초콜릿 케이크로 변신한단다. 그런데
네가 케이크를 빨리 먹고 싶다고 해서 이러한 과정
을 생략하고 밀가루 반죽을 먹겠다고 하면 말이 안 되는 거야."

"제가 언제 밀가루 반죽을 먹겠다고 했어요? 저도 그런 과정을 거쳐서
초콜릿 케이크가 된다는 것쯤은 알고 있다고요."

"그래, 넌 잘 알고 있지. 그런데 민수야, 잠자리는 유충의 상태로 물속에
서 일 년 동안 있다가 애벌레가 되고 그 애벌레 껍질을 벗는 것을 우화라고
한단다. 잠자리가 보기에는 너무 애쓰는 것 같지만 애벌레에서 우화를 힘
들게 오랜 시간 동안 해야지만 날개에 체액을 보내고 기름도 발라지는 거
야. 그리고 또 긴 시간 동안 날개가 다 말라지면 날개를 활짝 펴서 하늘을
마음껏 날아다니게 되는 거란다. 그런데 네가 긴 시간을 단축해 버려서 잠
자리는 날지도 못하고 결국 개미들의 먹이가 될 거야."

"전 그런지도 모르고..."

"괜찮아. 민수야, 네가 좋은 마음에서 그랬던 거니깐. 하지만 누군가를 도우려면 참된 지식이 있어야 한단다. 그리고 무엇보다도 인내하는 마음이 있어야 해. 모든 일을 쉽게 빠르게만 하려고 해서는 안 된단다. 네가 앞으로 힘들고 어려운 일이 계속해서 이어질 때 빨리 벗어나려고만 해서는 안 돼. 그 모든 고통을 잘 견디고 인내해야지만 하늘을 날 수 있고, 아름다운 열매

를 맺을 수 있고, 달콤한 초콜릿 케이크를 먹을 수 있단다.”

민수는 눈을 반짝이며 마음으로 다짐을 했어요. ‘그래, 난 끝까지 잘 참고 인내하는 아이가 될 거야.’ 엄마는 민수에게 여러 꽃씨와 모종을 주면서 잘 보살펴서 꽃을 피워보라고 했어요. 민수는 신나서 마당에 흙을 파고 꽃씨와 모종을 심고 정성껏 돌보기 시작했어요.

민수네 마당에는 봄에는 산수유, 옥매, 백목련, 라일락, 개나리, 진달래, 철쭉, 해당화, 모란, 수국, 제비꽃 등 여러 가지 꽃들이 잇달아 피기 시작했어요. 여름에는 백합, 백일홍, 장미, 수레국화, 금낭화, 메꽃, 싱아, 해란초 등이 피고, 가을에는 코스모스, 방울꽃, 구절초, 분꽃, 깨묵 등이 피고, 겨울에는 베고니아, 수선화, 군자란, 심비디움, 시네라리아 등의 꽃이 피었어요.

이 꽃들 중에서 민수가 가장 아끼고 사랑하는 꽃은 복수초(福壽草, 꽃말은 ‘영원한 행복’이며 ‘눈색이꽃’이라고도 불러요)이에요. 복수초는 그 모습이 너무나 아름답지만 꽃을 피우는데 많은 기다림이 필요해요. 봄에 씨를 낙엽수 밑에 파종하면 이듬해 3월 말경이면 발아를 해요. 3년 후 옮겨 심고, 다시 3년이 지나야 꽃이 피어요. 민수는 복수초를 보기 위해 오랜 시간동안 기다려서 그런지 복수초를 가장 아끼고 사랑하게 되었어요.

민수가 그렇게 많은 꽃들을 돌보고 키웠기 때문에 정원에는 이 세상에서 가장 예쁘고 향기로운 꽃들이 가득했어요. 그 꽃들 사이로 나비와 잠자리들이 춤을 추며 날아다녔어요. 민수는 행복한 미소를 지으며 나비와 잠자리와 함께 춤을 추며 노래를 부르곤 했어요.

아기와
태담 나누기

    사랑스러운 아가야, 엄마 아빠는 네가 얼마나 보고 싶은지 모른단다. 너도 엄마 아빠가 보고 싶지? 하지만 엄마 배 안에서 빨리 나오려고 해서는 안 된단다. 엄마가 주는 밥을 잘 먹고 천천히 그리고 튼튼하게 몸이 십 개월 동안 자라나야 해. 엄마 아빠도 그때까지 잘 참고 기다릴게.

    아가야, 네가 행복하게 살려면 제일 먼저 인내하는 법을 잘 알아야 해. '마부위침'(磨斧爲針)이라는 말이 있단다. '도끼를 갈아 바늘을 만든다'는 뜻으로, 아무리 이루기 힘든 일도 끊임없는 노력과 끈기 있는 인내로 성공하게 된다는 말이야. 쉽게 얻어지는 것은 쉽게 잃어버릴 수가 있어. 그래서 때로는 힘들고 어려워도 꾹 참고 인내하면 비록 시간이 오래 걸려도 반드시 좋은 결과가 나타날 거야. 엄마 아빠가 그럼 마음을 너에게 심어주도록 할게. 우리 함께 노력하자. 사랑해 아가야!

우리 아기를 위한
꽃 색칠하기

태어날 아기를 기대하며
예쁘게 색칠해 보세요.

인내하는 마음으로 아기를 기다려요

훌륭한 리더가 된 아이를 상상해요
Character of Light and Leading

역사는 소수의 지도자에 의해 쓰여요. 한 사람의 좋은 리더는 수많은 사람의 생명을 살리고 풍성하게 해주어요. 아이가 모두가 따르고 존경하는 리더가 될 수 있도록 태교해요.

임신 19-20주

엄마는요	유방이 커지면서 유즙이 분비되고 유두 색깔도 짙어져요. 복부 근육이 갑자기 늘어나 하복부와 복부 양옆이 아프고 허리 통증을 느낄 수 있어요. 배의 압력으로 배꼽이 튀어나와요.
아기는요	양수로부터 분비된 태지가 아기의 피부를 보호해주어요. 뇌에 주름이 잡히고 시각, 청각, 미각 등 오감이 크게 발달해요.
유의할 점은요	빈혈 증세가 나타나기 쉬우므로 철분 함유가 많은 음식을 먹거나 공복이 아닌 식사 후 바로 철분제를 추가로 복용해야 해요.

맛있어 공장

맛있어 공장은 해산물을 가공해 통조림을 만들어요. 상하기 쉬운 해산물로 음식을 만드는 공장이기 때문에 아주 청결해야 해요. 그래서 공장장인 너구리는 직원들에게 청소를 철저히 하라고 항상 큰소리로 강조를 해요. 하지만 직원들은 일하면서 주변에 떨어지는 해산물 찌꺼기들은 잘 청소를 하지 않아요. 너구리 공장장은 화를 내면서 직원들을 꾸짖고 청소를 잘하라고 명령을 내리지만, 잘 지켜지지 않아요. 너구리 공장장은 또 직원들에게 강조하는 것이 있어요.

"매일 5,000개의 통조림을 만들어야 해. 너희들이 5,000개를 못 만들면 퇴근은 없어. 월급 받으려면 주어진 할당을 다 채우란 말이야."

직원들은 하루에 5,000개의 통조림을 만들기 위해 화장실에 가는 것도 참을 만큼 열심히 일했지만 5,000개를 다 못 만들 때도 있었어요. 그러면 너구리 공장장은 "이 게으름뱅이들아, 놀지 말고 일을 하란 말이야. 일을. 자기 할당을 다 못 채우는 것들은 월급에서 깔 줄을 알아"라고 버럭 소리를 지르곤 했어요. 직원들은 너구리 공장장이 지르는 소리와 일에 대한 압박 때문에 늘 스트레스를 받고 신경이 날카로워져서 조그마한 일에도 서로 다투고 싸우는 일이 많이 있었어요. 그러면 너구리 공장장은 싸운 직원들을 그날로 해고해서 공장에서 쫓아내 버렸어요.

이러한 공장 분위기 때문에 스스로 그만두는 직원들도 있고 제품들도 제대로 만들어지지 않았어요. 그리고 맛있어 공장에 대한 소문도 안 좋게 나서 직원모집을 해도 잘 지원하지도 않았어요. 결국 멧돼지 사장은 너구리 공장장을 해고하고 일 잘하기로 소문난 팬더를 공장장으로 스카우트를 해왔어요.

멧돼지 사장은 팬더에게 "우리 공장은 지금 심각한 위기에 있어요. 공장은 청결하지 못해서 관련 기관 조사에서 늘 지적을 받고, 제품의 질은 나아지지 않고 있고, 무엇보다 직원들끼리 화목하지가 않아서 작업 분위기가 좋지 않아요. 팬더 공장장이 이 모든 문제를 잘 해결해 주세요"라고 부탁을 했어요.

팬더 공장장은 직원들에게 청소를 잘하라고 소리치지 않았어요. 하지만 얼마 가지 않아서 맛있어 공장은 최고로 청결한 곳이 되었어요. 팬더는 해산물 찌꺼기가 직원들 옆에 떨어진 것을 보면 자기가 줍고 청소를 했어요. 공장장이 직접 청소를 할 필요는 없었지만 팬더는 열심히 청소를 했어요. 그 모습을 본 직원들이 조금씩 팬더 공장장을 따라 하기 시작한 거예요. 팬더 공장장은 직원들에게 화를 내지 않았어요. 욕을 하지도 않았고요. 오히려 칭찬하고 격려하는 말을 많이 했어요.

"여러분이 열심히 일해 주어서 감사합니다. 작업 조건이 그렇게 좋지도 않은데 불평도 안 하고 이렇게 묵묵히 일해 주어서 우리 공장이 잘 되고 있습니다. 다 여러분 덕분입니다.

그리고 하루에 5,000개의 통조림을 만드는 것이 목표이지만 여러분이 피곤하고 힘들면 목표를 다 이루지 못해도 됩니다. 먼저 여러분이 즐겁게 일을 하는 것이 가장 중요하기 때문입니다."

팬더 공장장은 말만 이렇게 한 것이 아니라, 실질적으로 직원들이 틈틈이 쉴 수 있는 시간을 정해주었어요. 그렇게 직원들이 쉴 때 팬더 공장장은 옆에서 이런저런 이야기를 함께 나누었어요. 직원들의 가족에 대해 묻고, 일하면서 어려운 점은 없는지도 알아보았어요. 그리고 공장이 잘 운영되려면 어떻게 해야 하는지 조언을 구하기도 했어요. 그렇게 직원들과 유대관계를 잘 맺고 직원들의 집에 잔치나 초상이 나면 팬더 공장장은 꼭 찾아가서 축하하고 위로를 했어요.

팬더 공장장이 온 이후로 맛있어 공장은 매일 5,000개의 통조림을 못 만들 때도 있었지만 품질은 아주 좋아졌어요. 그래서 시장에서 최고로 잘 팔리는 제품이 되었어요. 공장의 분위기가 좋아지자 직원들끼리 싸우는 일도 줄어들고 즐겁게 웃으며 일을 하게 되었어요. 직원들은 팬더 공장장에 대해서 좋은 이야기를 많이 하기 시작했어요.

"우리 공장장님, 최고이지 않아!"

"맞아, 최고이지. 전에 있던 공장장하고는 완전 반대지."

"뭐든지 모범을 보이시니깐 우리가 자연스럽게 따라가게 되는 것 같아. 너구리 공장장은 소리만 질렀지 손가락 하나 까닥하지 않았는데 지금 공장장은 청소도 하고 일손이 부족하면 우리 일도 도와주고... 정말 닮고 싶은 분이야."

"무엇보다 우리를 정말 잘 돌보아 주잖아. 늘 웃어주시고, 칭찬해 주시고,

난 팬더 공장장님만 보면 정말 일을 열심히 해서 보답해 드리고 싶어."

1년 후 전국에서 가장 깨끗하고 맛있는 제품을 생산하는 공장으로 뽑힌 후 직원들은 공장장을 위한 파티를 열었어요. 모두가 서로에게 감사하고 칭찬하며 즐거운 시간을 보냈어요.

아기와
태담 나누기

아가야, 오늘은 너의 태동이 아주 크게 느껴진단다. 우리 아가가 이제 점점 더 힘이 세지는 것 같아서 엄마 아빠는 정말 좋아. 더 열심히 움직여서 팔다리가 쭉 뻗어지고 근육도 잘 생겨야 한단다.

이 세상에는 따라가는 사람과 인도하는 사람이 있단다. 엄마 아빠는 우리 아가가 앞에서 사람들을 바르게 이끄는 리더십이 있는 사람이 되었으면 좋겠어. '솔선수범'(率先垂範)이라는 말이 있단다. '앞장서서 하여 모범을 보인다'라는 뜻이야. 좋은 지도자는 명령만 하는 것이 아니라 모든 일에 먼저 모범을 잘 보여주어야 해. 그래야 사람들은 리더의 명령을 듣고 진심으로 따르게 된단다. 어떻게 무엇을 해야 할지 모르고 방황하는 사람들, 가난과 질병 속에서 고통 받고 있는 사람들이 많이 있단다. 그들을 자유와 행복이 있는 곳으로 인도하는 좋은 리더가 될 수 있기를 엄마 아빠는 응원할게.

중기 순산 체조

임신 중에 골반 운동은 골반과 복부의 혈액 순환을 도와주어 태아의 성장 발달을 도와요. 꾸준히 골반 운동을 하면 골반을 유연하게 만들어 순산할 수 있어요.

❶ 양팔을 옆으로 곧게 펴고 다리를 옆으로 벌리고 90도로 세워 천천히 5분 동안 걸어요.

❷ 바닥에 앉아 양 발바닥을 마주 붙이고 나비 모양의 자세를 만든 다음 양 무릎을 위아래로 털어 주어요.

❸ 발끝을 잡고 상체를 숙인 자세에서 고개를 좌우로 돌려요. 같은 동작을 4회 반복해요.

❹ 손바닥을 무릎 위에 대고 팔꿈치를 직각으로 세워 앞을 보면서 상체를 앞으로 숙여요. 이 자세를 30초 동안 유지해요. 4회 반복해요.

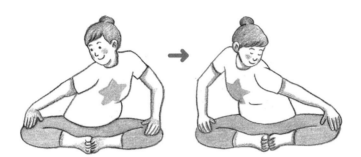

❺ 무릎 위에 손을 얹고 손에 힘을 주어 어깨와 허리를 뒤쪽으로 틀며 고개는 뒤를 보고, 한쪽 팔은 곧게 펴요. 4회 반복해요.

❻ 양손으로 한쪽 발을 잡고 들어 올린 다음 바깥쪽을 향해 밀기를 4회 반복해요.

훌륭한 리더가 된 아이를 상상해요

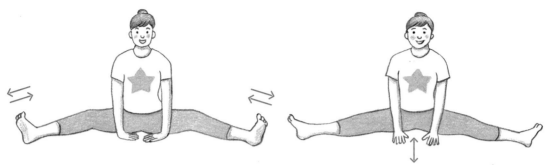

❼ 다리를 양쪽으로 넓게 벌린 다음 양손을 손끝이 마주 보게 바닥에 대고 양쪽 다리를 털어주어요.

❽ 양팔을 옆으로 쫙 편 다음 엉덩이를 앞으로 잘게 밀어주어요.

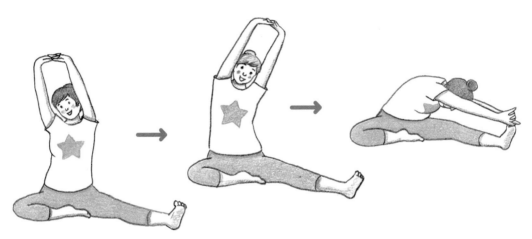

❾ 오른쪽 다리는 접고 왼쪽 다리는 옆으로 쭉 펴요. 양손은 깍지 껴서 위로 올리고 몸을 늘이면서 양수에 파동을 준 다음 왼쪽 다리 쪽으로 살짝 틀어 상체를 숙여요. 다리를 바꾸어 4회 반복해요.

❿ 양손을 뒤쪽 바닥에 대고 한쪽 다리를 45도 정도 올렸다 내리기를 4회 반복해요.

❶❶ 등을 바닥에 대고 누운 상태에서 오른쪽 다리를 구부려 올려서 양손으로 잡고 지그시 누르며 가슴 쪽으로 당겨요. 다리를 바꾸어 4회 반복해요.

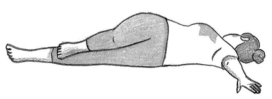

❶❷ 한쪽 발을 들어 반대쪽 무릎 위에 대고 바닥에 무릎이 닿는 느낌으로 내리면서 허리를 틀어주어요. 이때 시선은 반대 방향을 봐요. 다리를 바꾸어 4회 반복해요.

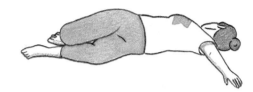

❶❸ 바닥에 누워서 무릎을 어깨너비로 벌려 세워요. 한쪽으로 두 다리를 눕히고 반대쪽 무릎 안쪽이 바닥에 닿는 느낌으로 지그시 눌러주어요. 반대 방향으로 한 번 더 해주기를 4회 반복해요.

❶❹ 한쪽 다리를 앞으로 내밀며 무릎은 굽히고, 양손을 머리 위로 올려 귀 옆에 붙인 상태에서 앞으로 밀어주기를 4회 반복해요.

정직한 마음으로 아이의 미래를 설계해요

Honest Character

순간의 이익을 위하여, 아니면 잠깐의 고통과 수치를 벗어나려고 거짓을 말하고 불의와 타협하라는
유혹을 받을 때가 많이 있어요. 하지만 남은 속일 수는 있어도 자신을 속일 수는 없어요. 결국,
죄책감과 수치심에, 아니면 무감각해지는 돌 같은 마음으로 살게 되어요. 순수하고 정직한 마음을
가진 아이가 되도록 태교해요.

임신 21-22주

엄마는요

체중이 본격적으로 늘어나고 혈액량의 증가로 빈혈이 생기기 쉬워요. 조금만 움직여
도 숨이 차고, 자궁이 커지므로 하반신의 혈액 순환을 방해하여 부종, 정맥류, 치질이
생기기도 해요.

아기는요

엄마가 먹는 음식의 맛을 모두 느끼며, 소화기관이 발달해 물과 당분을 흡수하고 나머
지는 대장으로 보내요. 눈꺼풀, 눈썹, 손톱도 다 자라고 골격도 균형을 갖추게 되어요.

유의할 점은요

다리가 붓거나 경련이 일어나면 다리 사이에 베개나 쿠션을 끼워주고 허리, 등, 엉덩
이, 다리마사지를 자주 해주어야 해요.

유진과 하진

유진과 하진는 쌍둥이예요. 부모님이 일찍 돌아가시고 쌍둥이는 가까운 친척도 없었기 때문에 둘이서만 지냈어요. 형 유진은 비록 쌍둥이지만 동생 하진을 잘 돌보고 생계를 꾸려나갔어요. 유진은 어린 나이에 가장이 된다는 것이 매우 힘들었지만 부모님의 유언대로 늘 정직하고 성실하게 일을 했어요. 그래서 젊은 나이에 시장에 있는 작은 가게를 구입해서 '쌍둥이 상점'이라는 간판을 달고 여러 해 동안 장사를 잘 해나갔어요.

하지만 동생 하진은 쌍둥이지만 형과는 달랐어요. 일도 안 하고, 거짓말을 밥 먹듯이 하고, 노는 데만 정신이 팔렸었어요. 그러다가 돈이 떨어지면 형에게 가서 사정도 하고, 협박도 해서 돈을 받아냈어요. 시장의 사람들이 유진에게 다시는 하진에게 돈을 주지 말라고 충고할 때마다, 유진은 "우리 하진이는 원래 착한 아이예요. 그런데 친구를 좀 잘못 사귀어서 지금 방황하는 거예요. 그리고 부모님이 일찍 돌아가셔서 정이 그리운 아이예요. 저라도 잘 해주고 싶어요. 그리고 금방 정신 차리고 착실하게 살 거예요"라고 대답했어요.

유진이가 정직한 것은 시장의 모든 상인과 동네 사람들이 다 알고 있었어요. 가게에 채소를 사러 온 사람에게 유진은 "오늘은 저희 가게 채소가 싱싱하지가 않아요. 죄송하지만 길 건너에 있는 채소가게에서 사시는 게 더 좋을 것 같아요"라고 말하기 때문이에요. 또 어떤 물건을 사려고 하는

사람에게 "그 물건보다 더 좋은 물건이 옆집 가게에 있어요. 그곳에 가서 사시는 것이 더 좋을 것 같아요"라고 말할 때도 있었어요. 유진은 절대 바가지를 씌우지도 않았고, 돈 계산도 정확하게 했어요. 손님이 혹시 가방을 두고 가면 잘 보관했다가 다시 돌려주곤 했어요. 그래서 사람들은 더 유진의 가게의 단골이 되었어요.

유진은 세금보고도 성실하고도 정확하게 했어요. 주변의 가게 주인들은 그렇게까지 세금보고를 잘할 필요가 없다고 충고를 했어요. 세금을 그렇게 많이 내면 남는 게 뭐가 있냐고 대충하라고 했지만, 유진은 언제나 "장사가 잘되어서 세금을 내는 건데요. 그리고 제가 내는 세금으로 나라에서 도로를 만들고 아이들 교육비를 쓰고 노인분들에게 도움을 주는 거니깐 저는 기분이 좋아요"라고 웃으며 대답했어요.

어느 추운 겨울밤에 시장에 큰불이 나서 많은 가게가 불에 탔어요. 유진이네 가게도 불에 탔어요. 하지만 유진이네 가게는 시장의 다른 가게들보다 훨씬 더 많은 보상금을 받을 수 있었어요. 왜냐하면, 가게의 크기와 매출액에 따라서 보상금이 정해지는데, 다른 가게들은 세금을 조금 내려고 실제 매출액보다 적게 보고를 했지만, 유진은 정직하게 매출액을 보고했기 때문이에요. 유진은 받은 보상금으로 다시 가게를 열고 전보다 더 열심히 장사를 했어요.

봄이 되어서 유진과 하진은 부모님 성묘를 하려고 시골길을 가다가 버스가 전복되는 사고를 목격하게 되었어요. 하진은 다친 사람들을 돕는 척하다가 두둑하게 보이는 지갑들과 고급 시계를 훔쳤어요. 유진은 119에 신고를 하고 사고를 당한 사람들을 돌보느냐고 정신이 없어서 하진이 한 짓을 알지 못했어요.

얼마 후 경찰이 유진이네 가게에 찾아왔어요. 버스가 사고 날 때 여러 지갑과 시계들이 도난당한 것 같다고 경찰이 말을 하자, 유진은 하진이 그랬을 거라고 생각했어요. 그래서 유진은 경찰에게 "사실은 제가 그랬어요. 제 동생 하진이는 열심히 사람들을 도왔는데 제가 그만 욕심에 눈이 멀어서 그런 못된 짓을 했어요. 저를 잡아가세요"라고 했어요. 마침 옆에 있던 시장 사람들은 깜짝 놀랐어요.

"유진이 거짓말을 하는 것을 처음 보네."

다들 이렇게 이야기를 하고 경찰에게 유진은 절대 그런 일을 할 만한 사람이 아니라고 말을 했지만, 경찰은 일단 유진을 경찰서로 데리고 가서 유치장에 가두고 조사를 했어요. 하진은 시장 사람들에게 형이 자기를 대신해서 경찰서에 간 이야기를 듣고 몹시 괴로워했어요. '그냥 가만히 있을까'라고도 생각했지만 형이 자기 때문에 벌을 받는 장면을 상상하면 도저히 괴로워서 견딜 수가 없었어요. 그리고 부모님이 유언으로 남긴 "정직하게 살아야 한다"가 자꾸만 귀에서 들리는 것 같았어요. 그래서 결국 하진은 경찰서에 가서 자수를 했어요.

6개월이 지나고 교도소에서 나온 하진은 많이 변했어요. 형과 함께 열심히 일을 하며 형처럼 정직하고 성실한 사람으로 변해갔어요. 사람들은 두 형제를 보면서 여러 말들을 했어요.

"드디어 '쌍둥이 가게'가 그 이름처럼 되었네."

"누가 쌍둥이 아니랄까 봐 생긴 것도 똑같고 성품도 똑같네."

온 산과 들이 빨갛고 노랗게 물들여진 가을에 유진과 하진은 어여쁜 신부들과 같은 날 결혼식을 올렸어요. 햇빛이 찬란하게 비추는 늦여름에 삼일 간격으로 유진과 하진은 너무나도 귀여운 딸들을 얻었어요. 두 딸은 쌍둥이는 아니었지만 자라면서 점점 아빠들처럼 서로 닮아갔어요.

아기와 태담 나누기

사랑하는 아가야, 엄마 아빠가 네가 태어나면 입힐 예쁜 옷과 양말을 샀단다. 이렇게 귀여운 옷을 입고 있을 너를 상상만 해도 엄마는 너무나도 행복하단다. 너는 이 세상에서 가장 예쁘고 귀여운 아이가 될 거야.

아가야, 네가 이 세상에서 살다 보면 잠깐 속이고 싶은 유혹을 받을 때가 있을 거야. 하지만 절대로 타협해서는 안 된단다. '정성장본'(正誠長本)이라는 말이 있어. '정직과 성실만이 오래가는 근본이다'라는 뜻이야. 거짓말을 하면 너에게 이익이 될 거라는 생각이 들 거야. 하지만 그것은 잠깐이야. 결국은 너는 손해를 보고 소중한 일과 사람들을 잃게 될 거야. 정직하고 성실하게 사는 사람만이 진정한 인생의 성공을 거두고 행복하게 살 수 있단다.

"정직한 것만큼 풍부한 유산은 없다"라고 말한 셰익스피어의 충고대로 엄마 아빠가 정직한 마음을 물려주도록 많이 노력할게. 엄마 아빠는 우리 아가가 맑고 밝은 마음으로 모든 어둠을 물리치기를 기도할게.

정직한 마음으로 아이의 미래를 설계해요

붓기를 없애 주는 발마사지

※ 손에 오일을 바르고 해요.

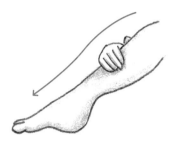

❶ 무릎 아래부터 종아리 부분을 손바닥으로 쓸어내려요.

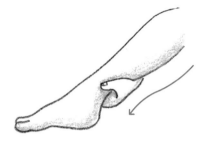

❷ 종아리 뒤쪽의 중심선을 손가락 끝으로 힘을 주어 쓸어내려요.

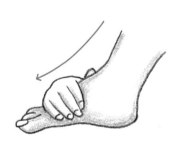

❸ 발목 부분에서 발등을 손바닥으로 쓸어내려요.

❹ 엄지 발바닥 중심부는 뇌하수체 부분에 해당되어요. 손 엄지손가락으로 발가락 가운데를 눌러 준 뒤, 발가락 아래에서 위쪽으로 밖을 향해 쓸어주어요. 모든 발가락을 같은 방법으로 마사지해요.

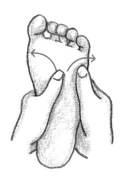

❺ 용천은 땅의 기를 받아 힘이 생기는 혈 자리예요. 이곳을 엄지손가락으로 지압을 한 뒤 아래에서 위로, 안에서 밖으로 쓸어 올려요.

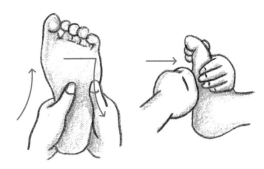

❻ 족궁 부분을 눌러 주면 소화가 잘돼요. 양손 엄지손가락으로 팔(八)자를 그리며 내려와요. 발바닥을 주먹으로 쳐주어요. 경혈점, 반사점이 자극되어 신진대사가 원활해져요.

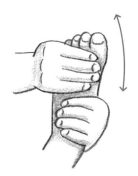

❼ 한 손은 발목을 잡고 다른 손은 발가락 전체를 잡은 뒤 천천히 앞으로 90도 꺾고, 반대쪽으로 90도 꺾어주어요.

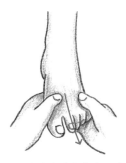

❽ 발가락을 하나씩 마사지해요. 양옆, 위아래를 꾹꾹 눌러주어요. 발톱 부분을 누르고 살짝 잡아당겼다가 튕기듯이 놓아요.

노래 부르기

무엇이 무엇이 똑같을까

무엇이 무엇이 닮았을까
아빠 눈 하늘이 눈 닮았어요
무엇이 무엇이 닮았을까
엄마 코 하늘이 코 닮았어요

사과 같은 내 얼굴

아빠 닮은 하늘이 예쁘기도 하지요
눈도 크고 코도 높고 입도 앵두입술
엄마 닮은 하늘이 예쁘기도 하지요
눈도 크고 코도 높고 입도 앵두입술

눈은 어디 있나 요기

아빠는 어디 있나 회사에
엄마는 어디 있나 부엌에
하늘이는 어디 있나
엄마 뱃속에~~
배꼽은 어디 있을까... 요기

정직한 마음으로 아이의 미래를 설계해요

12
chapter

용감한 마음으로 아기를 맞이할 준비를 해요
Brave Character

우리는 살아가면서 잘못을 인정할 수 있는 용기, 자기가 원하는 것, 바른 것을 선택할 용기,
부당하고 비겁한 것을 거부할 수 있는 용기가 있어야 해요. 비겁한 사람은 결코 존경받을 수 없기
때문이에요. 불굴의 용기를 가진 아이가 되도록 태교해요.

임신 23-24주

엄마는요	자주 다리가 저리거나 쥐가 나고 배, 가슴, 허벅지, 엉덩이 등에 튼살이 생기기 쉽고 많이 가려워요. 잇몸이 부어올라 칫솔에 피가 묻을 수도 있어요.
아기는요	얼굴이 명확해지고 잇몸 아래 치아도 자라기 시작해요. 폐가 성장하여 호흡을 위한 준비에 들어가요. 그리고 주변의 모든 소리를 들을 수 있으며 민감하게 반응해요.
유의할 점은요	튼살 예방을 위해 가볍고 널찍한 옷을 입고 임산부용 튼살 크림과 보습로션으로 피부를 촉촉하게 유지하고, 무리가 가지 않게 매일 마사지를 해야 해요.

연희의 선택

산들로 둘러싸여 있는 골짜기 마을에서 연희는 살고 있어요. 마을 한가운데는 조그마한 강이 흐르고 양옆으로 여러 나무가 각종 열매를 맺어요.

연희는 하루하루가 신나고 재미있어요. 봄에는 엄마랑 들에서 나물을 캐고, 냉이 냄새가 가득한 된장국을 맛있게 먹어요. 여름에는 강가에서 친구들과 물고기와 다슬기를 잡아서 매콤한 매운탕을 끓어 먹어요. 가을에는 산에 가서 밤을 줍고 감과 대추도 따고 창고에 가득 채워 넣어서 겨울이 끝날 때까지 실컷 먹어요. 겨울에는 얼음이 두껍게 생긴 강에서 썰매를 타고 언덕 위 눈밭에서 미끄럼을 타면서 놀아요.

연희는 놀기만 잘하는 것이 아니라, 그 외의 모든 것을 잘했어요. 항상 전

교에서 1등을 하며 공부도 잘했어요. 글도 잘 써서 백일장에서 대상을 타곤 했지요. 노래도 잘했어요. 읍내 노래경연대회에 나가면 언제나 1등을 했어요. 그림도 잘 그리고, 조각도 잘하고, 손재주가 좋아서 무엇이든지 잘 만들고 잘 고쳤어요. 그래서 동네에서 가전제품이나 농기계가 고장 나면 연희를 불러서 수리를 하게 했어요.

동네 사람들은 모두가 연희에 대해서 칭찬을 아끼지 않았어요. "연희는 앞으로 큰일을 하게 될 거야!" "그럼, 연희는 천재니깐 세계적인 사람이 될 거야!" "노래면 노래, 공부면 공부, 그림이면 그림, 뭐 하나 못 하는 게 없는 천재이잖아, 천재!" "대통령도 될 수 있고, 유명한 작가가 될 수도 있고, 위대한 발명가도 될 수 있고, 앞으로 어떤 위대한 사람이 될지 정말 궁금해."

연희는 일류대학에 전액 장학금을 받고 수석으로 입학을 했어요. 학교에 다니면서 여러 대회에서 우승을 했고 최우수 성적으로 졸업을 했어요. 교수님들은 연희에게 더 공부를 해서 모교의 교수가 되라고 조언을 했고, 여러 대기업에서 연희를 스카우트해 가려고 했어요. 하지만 연희는 고향으로 돌아와서 농사를 지으며 평범하게 지냈어요. 어릴 때부터 해오던 일들을 하며 자연을 즐기고 맛있게 밥을 먹었어요. 동네 사람들은 연희에 대해 수군거렸어요.

"연희같은 천재가 왜 이 시골에서 저러고 지내는 거지?"

"대학 다니면서 무슨 사고를 당했나?"

"엄청난 일을 할 줄 알았는데 그냥 평범한 사람이 되었잖아!"

"머리를 다친 거 아닐까? 그래서 그 뛰어난 능력을 다 잃어버린 것 아

용감한 마음으로 아기를 맞이할 준비를 해요

냐?"

"왜 그 놀라운 능력을 썩히는 거지? 내게 그런 능력이 있으면 난 멋지게 살면서 이 세상에 큰 영향력을 끼치며 살 텐데..."

연희에게 왜 고향으로 돌아왔냐고 물어보아도 연희는 언제나 미소를 지으며 "그냥 고향이 좋아서요"라고 대답할 뿐이었어요. 그러나 아무도 연희의 말을 곧이곧대로 듣지 않고 반드시 다른 이유가 있을 것이라고 생각했어요.

그 후 몇 년 동안 평범하게 연희는 고향에서 지냈어요. 연희의 소꿉친구인 지선이는 어느 날 연희를 만나서 차를 마시면서 이런저런 이야기를 나누었어요.

"난 아직도 네가 이해가 안 가. 나는 이 시골을 벗어나려고 그렇게 발버둥을 쳤지만 능력이 안 돼서 이렇게 살 수밖에 없지만 너는 얼마든지 저 넓은 세상에서 마음껏 살 수가 있잖아."

"이 시골에서 사는 것이 어때서?"

"답답하잖아. 맨날 그날이 그날이고. 너 아니? 아직도 동네 사람들이 너에 대해서 수근대고 이상한 소문내는 거."

"알고 있어."

"너 정말 후회 안 해? 이렇게 여기서 사는 거?"

"내가 대학을 졸업할 때 많은 기회가 있었지. 그때 곰곰이 생각해 보았어. 내가 정말 좋아하고 행복해하는 게 뭔지를... 성공, 업적, 돈, 유명세, 다 아니었어. 내가 태어나고 자란 이곳을 내가 가장 좋아하고, 여기서의 삶을 행복해 한다는 것을 깨달았어. 물론 쉬운 선택은 아니었어. 부모님이 실망할 것 같았고, 사람들은 뭐라고 수근댈 거고... 그런데 내 인생이잖아. 남이 나를 어떻게 보냐가 뭐가 그렇게 중요해! 부모님도 정말 바라는 것은 내가 행복하게 사는 것일 테고. 그래서 난 선택했어. 후회는 안 해. 여기서 살면 살수록 내가 정말 좋은 선택을 했다는 것을 느껴."

"여기가 뭐가 그렇게 좋다고..."

"난 다 좋아. 대도시에서 여러 가지를 해 보았지만 난 잠깐만 좋고 진심으로 행복하지는 않았어. 하지만 여기는 모든 것이 좋아. 이 풀 내음, 흙냄새, 저녁에 울리는 귀뚜라미 소리, 마음조차 시원하게 해주는 찬 물맛, 뒷산에 걸리는 석양, 내 뺨을 스치는 봄바람, 그리고 내가 사랑하는 가족, 친구, 동네 사람들, 이 모두가 내 영혼을 기쁨으로 채워줘."

"연희야, 너 참 용감하구나. 자기가 좋아하는 것을 과감히 선택하다니...나도 너처럼 내 삶을 그리고 내게 주어진 모든 것들을 사랑하는 법을 배우고 싶다."

아기와 태담 나누기

사랑하는 아가야, 이제는 엄마 아빠의 목소리가 들리지? 엄마가 더 재미있는 이야기를 들려주고 좋은 음악도 많이 듣게 해줄게. 너는 정말 예쁜 귀를 가지고 있단다. 그 귀로 아름답고 좋은 것을 들어서 너의 마음도 이 세상 그 무엇보다 더 아름다워질 거야.

네가 앞으로 이 세상을 살아갈 때 사실은 안 좋은 소리도 듣게 되고 도망가고 싶은 상황도 만나게 될 거야. 그럴 때 겁먹지 말고 용기를 내어야 해. '용감무쌍'(勇敢無雙)이라는 말이 있어. '용기가 있으며 씩씩하고 기운차기가 짝이 없다'라는 뜻이란다. 아가야, 네가 앞으로 행복한 인생을 살려면 용기가 있어야 해. 자기의 잘못을 인정할 수 있는 용기, 자기가 원하는 것, 바른 것을 선택할 용기, 부당하고 비겁한 것을 거부할 수 있는 용기가 있어야 한단다. 엄마도 너를 낳고 잘 기르려면 용기가 필요해. 우리 서로 용기를 불어넣어 주자. 사랑해, 아가야!

튼살 마사지

튼살을 보이고 싶어 하지 않으므로 조명을 약간 어둡게 하고 시작해요.
손에 오일을 발라요.

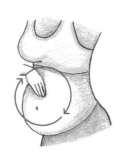

❶ 오른손과 왼손을 번갈아 시계 방향으로 원을 그리듯 돌려요.
아랫배 부분에서 지그시 눌러요.

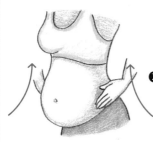

❷ 손바닥을 양 옆구리에 대고 아래에서 위로 쓸어 올려요.

❸ 손을 배 윗부분(가슴 밑)에서부터 쓸어내리며 옆구리를 지나
아랫배까지 쓸어내려요.

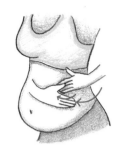

❹ 두 손을 오른쪽 옆구리 등 쪽에 대고 배 쪽으로 쓸어 올려요. 왼쪽도 같은 동작을 반복해요.

❺ 똑바로 누운 채로 겨드랑이 밑에서부터 옆구리 선을 따라 엉덩이까지 쓸어내려요.

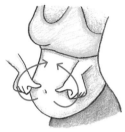

❻ 양손 엄지를 중심으로 배 중앙에서 아래로 하트 모양을 그리며 쓰다듬으면서 마무리해요.

노래 부르기

생일축하 합니다

웃었니 도리야 2번
엄마, 아빠 보더니
웃었니 도리야

춤췄니 도리야 2번
엄마 뱃속 안에서
춤췄니 도리야

꿈틀꿈틀 도리야 2번
아빠 동화 듣더니
좋았니 도리야

아빠는 엄마를 좋아해

귀여운 새들이 노래하고 집 앞뜰 나뭇잎 춤추고

해님이 방긋이 고개 들면 우리 집 웃음꽃 피워요

엄마 아빠 좋아 아빠 엄마 좋아

랄라 랄랄랄라 랄라 랄랄랄라

용감한 마음으로 아기를 맞이할 준비를 해요

용서하는 마음으로 몸과 마음을 건강하게 해요
Forgiving Character

작은 상처를 주는 사람에게, 억울한 일을 당했을 때 잠깐은 분노할 수 있어요. 하지만 그러한 마음을 오랫동안 품고 있으면 내 몸과 마음이 무너지게 되어요. 나를 위해서라도 이해하고 용서해주어야 해요. 물론 쉬운 일은 아니지만, 반드시 분노를 이기고 용서하는 마음을 가져야 해요. 어떠한 경우도 분노를 품지 않고 용서하는 마음을 가진 아이가 되도록 태교해요.

임신 25-26주

엄마는요	임신선이 나타나고 소화불량, 변비, 하복부와 복부 양옆의 통증, 가려움증 증세가 나타나요.
아기는요	폐에 폐포가 발달하고 지금까지 막혀 있던 콧구멍은 열리기 시작해요. 시각과 청각이 발달하여 빛에 반응하고 소리에 더 민감해져요. 온몸은 지방으로 덮이고 피부 바로 아래 혈관과 동맥이 발달해 점차 피부가 불그스름해져요.
유의할 점은요	섬유질이 많은 음식을 먹어 변비를 예방하고 무리한 운동이나 스트레스를 피해야 해요.

곰돌이의 용서

　곰돌이네 만둣가게는 유명한 맛집이어서 손님들이 끊임없이 왔어요. 곰돌이의 할아버지가 길모퉁이 한쪽에 붙어있는 작은 공간에서 처음 가게를 시작했어요. 하지만 한 번 만두 맛을 본 손님들은 꼭 다시 와서 만두를 사 갔고 평생토록 단골이 되었어요.

　할아버지가 돌아가시자 곰돌이 아빠가 가게를 이어받아서 계속 장사를 했어요. 곰돌이 아빠는 할아버지께 받은 만두 만드는 비법에다가 자신이 개발한 만두를 만들어 팔자 날개 돋친 듯이 팔려나갔어요. 손님이 많아지자 가게는 점점 커지고 일손이 많이 부족하게 되었어요. 그래서 곰돌이는 아직 어리지만 날마다 만둣가게에 나가서 부모님을 도왔어요. 곰돌이는 좀 힘이 들었지만, 아버지가 만든 만두를 모든 손님이 좋아하는 것을 보면 신이 났어요.

어느 날 호랑이가 찾아와서 곰돌이 아빠에게 가게를 자기에게 팔라고 요청했어요. 곰돌이 아빠는 "이 가게는 저의 선친께서 시작하셨고 제가 2대째 운영을 하고 있습니다. 저는 이 가게를 저의 아들에게도 물려주고 싶습니다"라고 하며 거절을 했어요. 하지만 호랑이는 수시로 찾아와서 가게를 팔라고 했어요. 그때마다 거절을 당하자 호랑이는 "그럼 만두 만드는 레시피를 내게 파시오. 내가 값은 적당히 쳐 드리리다"라고 흥정을 했어요.

곰돌이 아빠는 "만두 레시피는 저희 집안에서 가보처럼 여기는 것입니다. 그리고 제가 레시피를 알려준다고 해도 똑같이 만들지는 못할 것입니다. 저는 큰 욕심이 없습니다. 그저 아버님과 제가 정성껏 만든 만두를 손님들이 맛있게 먹어주시기만 하면 됩니다"라고 하며 또 거절했어요.

호랑이는 무서운 얼굴로 곰돌이 아빠에게 협박하기 시작했어요. "좋은 말로 할 때 파는 게 좋을 거야! 아니면 내가 당신이 아예 장사를 못 하게 하는 수가 있어." 곰돌이 아빠는 조금 겁이 났지만, 아닌 척하며 "당신이 무슨 말을 하든, 무슨 짓을 하든 제 마음은 변하지 않습니다"라고 대답했어요.

그다음 날부터 호랑이는 만둣집에 대해서 거짓말로 나쁜 소문을 퍼뜨렸어요. "만두에 안 좋은 것을 섞는데..." "만두에서 머리카락이 나왔어..." "사람들이 장사 좀 잘 된다고 아주 불친절하고 거만하대..." 이런 말들을 가지고 소문을 내었지만 손님이 줄지는 않았어요. 그래서 이번에는 호랑이가 수시로 가게에 와서 행패를 부렸어요. 그러자 손님들은 무서워서 가게에 잘 오지 않게 되었어요.

　그날도 호랑이가 가게에 와서 행패를 부리며 곰돌이 아빠에게 어서 만두 레시피를 내놓으라고 윽박질렀어요. 곰돌이 아빠가 끝까지 거절하자 호랑이는 화가 나서 가게의 기구들을 부수기 시작했어요. 그것을 막는 와중에 곰돌이 아빠와 엄마는 크게 다치게 되었어요.

　곰돌이는 만두 배달을 갔다가 와서 엄마 아빠가 많이 다친 것을 보고 얼

용서하는 마음으로 몸과 마음을 건강하게 해요

147

른 병원으로 모시고 갔어요. 하지만 두 분의 상처가 너무 커서 아빠는 다시는 손을 쓸 수가 없게 되었고 엄마는 걸을 수가 없게 되었어요. 곰돌이는 아직 어렸기 때문에 혼자서 가게를 운영할 수가 없었어요. 그래서 결국 가게 문도 닫게 되었어요.

곰돌이는 호랑이에게 반드시 복수하겠다고 다짐을 했어요. 하지만 아직 어리고 힘도 없었기 때문에 곰돌이는 엄마 아빠를 친척에게 맡기고 소림사로 갔어요. 소림사에서 10년 동안 곰돌이는 열심히 무술을 익혔어요. 검술, 창술, 권법을 다 마스터한 곰돌이에게 거북이 스승은 "이제 너에게 더 가르쳐줄 것이 없느니라. 이제 하산하도록 하여라"라고 말했어요. "스승님께서 부족한 저를 잘 가르쳐주셔서 감사드립니다"라고 곰돌이는 대답했어요. 거북이 스승은 곰돌이에게 물었어요.

"이제 여기를 나가면 무엇을 할 거냐?"

"우리 집안의 원수 호랑이를 찾아가서 복수를 할 겁니다."

"왜 복수를 하려고 하는 거지?"

"왜라뇨? 저의 가게를 망하게 하고 부모님을 다치게 한 호랑이에게 복수하는 것은 당연하죠."

"너와 너의 집안의 모든 불행이 호랑이 때문이라고 생각하

는 거냐?"

"당연하지요. 스승님! 호랑이만 아니었
다면 저희 집은 행복했을 거예요."

"인생을 살다 보면 누구에게나 고난은 온
단다. 그렇다고 해서 다 불행해지는 것
은 아니야. 힘들고 어려워도 그 모
든 고난을 이겨내고 다시 행복해질
수 있단다. 하지만 아픔을 극복하는 것이 힘드니
깐 대부분은 그냥 남을 탓하고 용서하지 않는단다. '내 불행은 그 호랑이 때
문이야'라고 생각하면 자기 불행을 쉽게 정당화하고 자기는 책임질 일이
없어지기 때문이지."

"스승님이 무슨 말씀을 하셔도 저는 호랑이를 용서할 수 없습니다. 저는
오직 호랑이에게 복수할 날을 기다리며 지금까지 버텨 온 것입니다."

"그래, 너는 복수하겠다는 일념으로 지금까지 살아온 것이지. 하지만 애
야, 네가 삶을 살아가는 힘이 복수의 힘, 즉 미움의 힘이라면 네 마음과 삶
은 끝없는 어둠을 향해 가는 것이란다. 네가 용서의 힘, 사랑의 힘으로 살아
가야 하지 않겠니?"

곰돌이는 거북이 스승의 말에 충격을 받아서 잠시 동안 가만히 있었어
요. 스승님이 말씀하신 것을 한 번도 생각해 본 적이 없었거든요. 하지만 곰

돌이는 반드시 복수해야겠다는 마음으로 호랑이를 찾아갔어요. 가는 도중에 계속 스승님의 말씀이 떠올랐지만, 머리를 저으며 곰돌이는 계속 길을 갔어요.

드디어 곰돌이는 호랑이를 만났어요. 그러나 호랑이는 10년 전의 호랑이가 아니었어요. 이미 늙고 날카로운 이빨도 빠져있는 병약한 호랑이에 불과했어요. 곰돌이는 호랑이를 한참 바라보다가 아무 말 없이 그냥 돌아 나왔어요. 곰돌이는 부모님을 찾아가서 잘 보살펴 드리고 만둣가게도 다시 열었어요. 만둣가게는 전보다 더 잘 되어서 손님들이 넘쳐났어요. 부모님은 비록 몸이 불편하셨지만, 다시 얼굴에 미소가 넘쳐나고 곰돌이와 함께 행복하게 살았어요.

아기와
태담 나누기

 아가야, 사랑하는 내 최고의 아가야, 너는 엄마 아빠의 자랑이란다. 네가 엄마 뱃속에 와 주어서 엄마 아빠는 얼마나 고마운지 모른단다. 그런데 요즘 엄마가 몸이 조금 힘들어서 짜증을 냈어. 미안해. 아가야! 너에게 언제나 밝고 맑은 마음을 주어야 하는데... 네가 엄마를 이해해 주고 용서해주면 고맙겠다.

 아가야, 네가 이 세상에 태어나서 살다 보면 너를 괴롭히고 힘들게 하는 사람들이 생기게 될 거야. 하지만 그 사람들을 미워하고 분노하면 안 돼. '정서이견'(情恕理遣)이라는 말이 있단다. '누군가에게 잘못이 있으면 온정으로 참고 이치에 비추어 용서한다'는 뜻을 가지고 있어. 너에게 상처를 준 사람에 대해 네가 잠깐은 화가 나겠지만 따뜻한 마음으로 용서하고 이해해야 한단다. 사람은 누구나 잘못을 해. 그렇기 때문에 네가 힘들어도 용서를 해야 너도 살고 잘못한 사람도 살 수 있단다. 엄마 아빠는 네가 미움이나 분노의 마음이 아니라 언제나 따뜻하고, 용서해주고, 사랑하고 또 사랑하는 마음으로 살아가기를 간절히 바란단다. 사랑해, 아가야.

용서하는 마음으로 몸과 마음을 건강하게 해요

하루 돌아보기
Reflection of the day

❶ 복식호흡을 함으로 마음을 차분하게 하세요.

❷ 침묵 가운데 마음을 맑게 하세요.

❸ 지금부터 지난 12시간을 천천히 한 시간씩 되돌아보세요.

❹ 다음의 질문들을 해 보세요.
   1) 12시간을 뒤돌아보면서 어떤 것에 주목이 되나요?
   2) 12시간을 뒤돌아볼 때 어떤 감정을 가지게 되나요?

❺ 지난 12시간 동안 가장 기분이 좋고 행복한 순간이 있나요?

❻ 지난 12시간 동안 슬픔, 분노, 두려움, 외로움, 따분함, 무감각 등의 마음이
   들 때가 있나요?

❼ 지난 12시간 동안 만났던 사람들을 어떤 마음으로 대했나요?

❽ 지난 12시간 동안 했던 일이나 환경이나 만난 사람들에게 대하는
   마음을 바꾸어야 한다는 생각이 드나요?

❾ 지난 12시간 동안 만났던 사람들을 좀 더 이해하고
   배려해야 한다는 생각이 드나요?

⑩ 지난 12시간 동안 일이나 환경 그리고 사람에게 감사할 수 있는 것
세 가지를 찾아보고 말로 고백해 보세요.

⑪ 힘든 일이나 갈등이 있는 사람들을 따뜻하고 선한 마음으로
대함으로 사람들이 활짝 웃고 당신도 감동 가운데
미소 짓는 모습을 상상해 보세요.

⑫ 천천히 복식호흡을 하면서
잠시 침묵 가운데 있으세요.

용서하는 마음으로 몸과 마음을 건강하게 해요

재미있고 유머가 넘치는 아이를 꿈꾸어요

Humorous Character

재미없고 따분한 세상에서 가장 인기 있는 사람은 언제나 유머와 재치가 넘치는 사람이에요.
우리 삶의 윤활유와 같은 유머가 있다는 것은 놀라운 축복이지요.
사람들을 즐겁게 해주는 아이가 되도록 태교해요.

임신 27-28주

엄마는요
임신선이 조금 더 진해지고 면역성분이 풍부한 초유가 만들어져요. 팔다리가 자주 붓고 손발 저림 증세가 나타나요.

아기는요
차츰 머리를 아래로 향한 자세를 취하고 눈동자가 만들어져 눈을 뜨기 시작해요. 청각도 완전히 발달해 엄마가 말을 하면 심장박동수가 빨라져요. 또한 기억력이 발달하는 시기로 뇌세포 발달이 최고에 이르면서 몸의 여러 가지 기능을 뇌가 통제하기 시작해요.

유의할 점은요
두통, 오른쪽 상복부의 통증, 사물이 흐릿하게 보이거나 호흡이 가빠짐, 손발이 자주 붓는다면 임신중독증일 수 있으므로 병원에 가는 것이 좋아요.

유쾌한 만석이

하얀 눈이 소복이 쌓이고 찬바람이 소나무 가지를 춤추게 만드는 겨울밤
이었어요. 만석이 방에서 친구들은 군고구마를 맛있게 먹으며 재미있게 놀
고 있었어요. 만석이는 재미있는 말이나 이야기를 잘 하기 때문에 친구들
에게 인기가 만점이에요. 그래서 자주 만석이네 집에 친구들이 놀러 와요.

친구들은 만석이에게 "야, 재미있는 이야기나 해 봐!"라고 하자 "토끼와
거북이 이야기 해줄까?"라고 만석이는 물어보았어요. 친구들이 "그거 다
아는 이야기이잖아?"라고 하자, 만석이는 웃으며 "내가 각색한 현대판 이
야기인데"라고 했어요. 친구들은 해 보라는 의미로 고개를 끄떡였어요.

"토끼가 어느 날 카페에서 아메리카노를 마시는데 거북이가 와서 도전을 하는 거야. '야, 네가 그렇게 잘 뛴다며. 나랑 달리기 시합할래? 지면 상대방의 소원을 무조건 들어주기. 어때?'

토끼는 처음에는 무시할까 하다가 소원을 들어준다는 소리에 욕심이 생겼어. 최신형 핸드폰을 사고 싶었거든. 그래서 뒷산 꼭대기에 먼저 올라가면 이기기로 하고 시합을 했어.

토끼는 처음에 막 달려서 뒤돌아보니깐 거북이가 보이지도 않을 정도로 멀리 떨어져 있는 거야. 그래서 잠깐 쉬어가도 되겠다 싶어 나무 밑에서 핸드폰으로 열심히 게임을 했어. 그런데 레벨을 올리는데 정신이 팔려서 그만 1시간이 넘게 게임을 한 거야. 토끼가 "아차" 하고 달려가 보았지만, 거북이가 먼저 도착해 있는 거야. 결국 토끼는 패배를 인정하고 거북이가 원하는 대로 바닷속 용왕님을 만나러 갔어. 토끼의 간을 빼서 용왕님의 병을 고치겠다고 하니깐 토끼가 '아이고,

진작 얘기를 하시지. 제가 요즘 '너 간땡이가 부었다'라는 말을 하도 들어서 간을 빼서 식히려고 냉장고에 넣어두고 그냥 왔어요'라고 하는 거야.

용왕님의 신하 중의 하나가 '야, 말도 안 되는 소리 하지 마. 간을 배에서 어떻게 꺼내'라고 하자, 토끼는 '아니 선생님은 '이놈이 간이 배 밖으로 나왔나?'라는 말도 못 들어 보셨어요?'라고 했어. 그랬더니 옆에 있던 다른 신하가 용왕님께 '들어 본 것도 같습니다. 용왕님, 그럼 어서 토끼를 집으로 보내 간을 가지고 오게 하는 것이 좋은 방도인 것 같습니다'라고 했어. 용왕님이 허락을 하자 거북이가 다시 토끼를 데리고 갔어.

그런데 그만 바다에서 나오다가 해적을 만난 거야. 가진 것을 다 빼앗기고 목숨도 위태로울 때 캐리비안 해적, 잭 스패로우 선장의 도움으로 토끼만 탈출을 했어. 잭 선장과 토끼는 그 후에 보물섬에 가서 어마어마한 보물을 찾게 된 거야.

토끼는 엄청난 부자가 된 다음에 세계 최고의 과학자들을 고용해서 최강의 아이언 슈트를 만들게 했어. 그 후로 토끼는 아이언 토끼가 된 거야. 지구의 위기가 올 때마다 토르와 헐크와 스파이더맨과 함께 어벤져스를 결성해서 지구의 평화를 지켜냈어.

그러던 어느 날 아이언 토끼는 트랜스포머의 디셉티콘의 본거지인 달에 혈혈단신으로 가서 모든 디셉티콘을 물리쳤어. 지구로 돌아와야 했지만, 아이언 토끼는 달의 아름다움에 빠져서 그곳에서 원더우먼과 결혼을 하고 행복하게 살게 된 거야. 아이언 토끼와 원더우먼은 감자와 고구마와 옥수수와 벼를 심고 농사를 지었는데, 둘 다 떡보라서 항상 떡을 만들어 먹느냐고 토끼가 절구를 찧는 거야. 그래서 너희들이 달을 보면 절구를 찧는 토끼의 모습을 볼 수 있게 된 거야."

만석이의 친구들은 모두 낄낄대며 "거참, 말이 안 되는데 재미있네"라고 하며 웃었어요.

"만석아, 또 다른 얘기를 해 봐!"

"그래, 그래."

"좋았어. 이번에는 신데렐라와 평강공주 이야기야…"

달이 휘영청 밝던 겨울밤은 그렇게 깊어만 갔어요.

아기와 태담 나누기

　우리 아가가 점점 커 가면서 엄마 배가 남산처럼 솟아오르고 있단다. 그래서 엄마가 살짝 힘이 드는데, 너의 초음파의 사진을 보니깐 얼마나 기쁘고 웃음이 나는지, 엄마는 금방 힘을 얻을 수 있었단다.

　앞으로 우리 아가가 이 세상에서 열심히 살다 보면 힘든 일도 생길 거야. 하지만 네가 잘 웃을 수 있다면, 그리고 잘 웃길 수 있다면 그 어떤 어려움도 이겨내고 행복하게 살 수 있어. '일소일소'(一笑一少)라는 말이 있단다. '한 번 웃을 때마다 그만큼 젊어진다'라는 뜻이야. 더 쉽게 이 말을 풀이하면 웃을 때마다 엄청 건강해지고 활기차게 된다는 것이란다. 이 세상에서 살아가는 사람들에게 임하는 힘든 일들은 다 똑같아. 다만 그 일을 다 다르게 해석할 뿐이란다. 우리 아가는 모든 일을 밝고 맑게, 그리고 재미있고 신나게 보고, 사람들에게 전달해 주는 사람이 되면 참 좋겠다. 엄마도 아주 많이 웃고 행복해할게.

재미있고 유머가 넘치는 아이를 꿈꾸어요

작약 컵케이크 그리기

태어날 아기를 생각하며 작약 컵케이크
그리는 법을 배워보도록 해요.

■1■ 황토색으로 유산지컵 부분 황토색(PC 1034 ●). 노란색 분홍색 꽃(PC 916 ● , PC 928 ●).

■2■ 노란색 장미를 먼저 그려볼게요. 중앙 윗부분으로 아주 작은 삼각형을 그려 기준으로 만들어줍니다. 원의 테두리 부분에는 마치 배구공 모양처럼 둥근 곡선을 쓰며 안쪽으로 선을 그려주세요. 왼쪽 아래, 왼쪽 위, 오른쪽, 이런 순서로 그리면 조금 더 편할 거예요.

■3■ 같은 방법으로 안쪽으로 하나씩 곡선을 그려줍니다. 이 선들은 가운데 세모 모양으로 모이도록 그려주어야 해요.

■4■ 삼각형에 딱 맞도록 선을 안쪽에 더 그려준 다음, 노란색으로 각각 잎들에 그러데이션을 넣어주어야 합니다. 각 꽃잎의 바깥쪽 테두리가 가장 진하고 안으로 들어올수록 연하게 색을 칠해주세요. 다음 꽃들을 그리기 전에 사이사이 잎사귀를 그려주세요(PC 1005 ●). 보라색으로 작은 동그라미도 꽃들 사이사이에 그려줍니다(PC 956 ●).

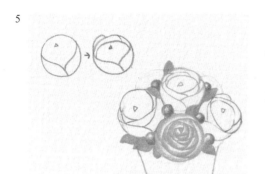

5 잎사귀와 보라색 동그라미를 피해가며 나머지 꽃들을 그려봅니다. 이번엔 약간 옆에서 본 모양의 꽃들이에요. 기준이 되는 작은 삼각형을 각각 위쪽 가운데에 그려놓고, 가장자리 꽃잎을 스케치해주세요(PC 929 ⬤). 제일 먼저 앞에 Y 형태를 그려준 다음, 뒤쪽 꽃잎들을 그려줍니다.

6 사방에서 안쪽으로 곡선을 차곡차곡 쌓아 삼각형에 가까워지도록 스케치 해주세요. 방법은 처음 그린 꽃잎과 같습니다.

7 이번에는 각 꽃잎의 아래쪽 테두리가 진하고 위로 올라올수록 연해지도록 그러데이션을 해주세요. 각각 스케치한 색상으로 칠해 줍니다

8 진하게 칠해준 부분에 이번엔 더 진한 색으로 한 번 더 색감을 쌓아주세요. 노란색은 주황색을, 분홍색은 진한 붉은색을 칠해주는 거죠(PC 1002 ⬤ , PC 1030 ⬤ 또는 PC 925 ⬤). 진한 부분의 경계를 선명하고 뚜렷하게 칠해주어야 그림 전체의 입체감을 살릴 수 있어요. 윗부분 오른편과 왼편에 살며시 보이는 꽃잎도 진한 분홍색으로 왼편 꽃과 같이 스케치를 하고, 오른편 꽃처럼 색을 칠해주세요(PC 994 ⬤)

9 같은 진한 분홍색으로 꽃잎들을 몇 개 더 그려주세요. 처음에 그려놓았던 연두색 잎사귀들을 올리브그린 색으로 그림과 같이 음영을 한 번 더 잡아줍니다(PC 911 ●).

10 진한 분홍 꽃의 꽃잎들을 마무리해주세요, 아래 경계가 가장 진하고 위로 갈수록 연해지도록 각 꽃잎들을 그러데이션 해주는 겁니다. 그리고 잎사귀에 진한 초록색을 한 번 더 올려서 초록빛깔을 내줍니다(PC 907 ●).

11 8장 장미슈거 컵케이크 그리기의 유산지컵 부분을 참고하여 완성하여 주세요. 황토색으로 선을 그어 주름을 표현합니다. 스케치선과 같은 색을 씁니다.

12 완성입니다.

친절하고 사교적인 마음으로 아이를 양육해요
Outgoing Character

"군중 속의 고독"이라는 말처럼 많은 사람과의 만남이 있지만 진정한 교제가 없기 때문에
현대인들은 개인주의와 고독에 빠져요. 먼저 보이지 않는 벽을 허물고 다가가서 손을 내미는
따뜻한 사람이 필요해요. 밝고 사교적인 아이가 되도록 태교해요.

임신 29-30주

엄마는요
자궁이 점차 커지면서 자궁저의 위 압박으로 가슴이 갑갑하고 속이 울렁거려요. 또 자궁이 폐까지 밀고 올라오기 때문에 숨이 가쁜 증상도 나타나요. 자궁 수축으로 배가 단단해지거나 뭉치는 느낌도 들어요.

아기는요
뇌의 홈과 주름이 뚜렷해져 뇌의 모양을 갖추고 학습 및 운동 능력이 발달해요. 눈동자가 초점을 맞출 수 있게 되고 빛을 비추면 고개를 돌려요.

유의할 점은요
아랫배가 딱딱해지면서 잦은 통증이 있고 물 같은 따뜻한 것이 흐른다면 바로 병원에 가야 해요. 조산의 위험이 있으니 무리하면 안 돼요.

안녕하세요

27층에서 사는 아가씨가 엘리베이터를 탔어요. 26층에 사는 청년이 엘리베이터를 탔어요. 둘은 눈도 마주치지 않고 묵묵히 핸드폰만 보고 있어요. 25층에 사는 할아버지가 엘리베이터를 탔어요. 세 명은 서로 아는 체도 하지 않고 좁은 엘리베이터이지만 적당히 거리를 유지한 채 아무 말 없이 서 있어요. 21층에 이르기까지 무거운 침묵만이 엘리베이터 안에서 흘렀어요. 21층에서 동수가 탔어요. 동수는 엘리베이터에 들어오자마자 인사를 했어요.

"안녕하세요? 저는 21층에 새로 이사 온 동수라고 합니다."

"그래, 반갑다. 난 25층에 산단다."

할아버지는 활짝 웃으며 동수에서 인사를 했어요. 나머지 두 명도 미소를 지으며 인사를 했어요. 그리고 1층에 다다를 때까지 동수는 계속 이야기를 했어요.

"저는 여기 이사 온 게 너무 좋아요. 여기 놀이터가 재미있거든요. 그리고 전에 살던 집은 학교하고 거리가 멀어서 걸어 다니기 좀 힘들었는데, 이 아파트로 이사 오고 난부터는 학교까지 걸어서 10분밖에 안 걸려서 정말 좋아요."

비록 짧은 시간이었지만 엘리베이터 안에서 익숙한 침묵은 사라지고 밝은 미소와 대화가 이어졌어요.

그 후로 동수는 그 아파트에서 유명한 아이가 되었어요. 길거리이건 엘리베이터 안이건 만나는 사람들에게 언제나 먼저 밝게 "안녕하세요?"라고 인사를 하기 때문이에요. 동수로 인해 같은 아파트에 살면서도 서로 아는 체도, 인사도 안 하고 지내던 주민들이 이제는 모두가 반갑게 인사를 나누고

짧은 담소도 나누게 되었어요.

　동수가 인사를 잘하고 말도 잘할 수 있게 된 것은 엄마 덕분이에요. 엄마가 동수에게 항상 이야기를 했어요. "동수야, 훌륭한 사람이 되려면 인사를 잘해야 한단다. 네가 인사를 잘하고 모든 사람에게 친근하게 대하면 너도 행복하고 상대방도 즐겁게 돼. 어른들은 보면 '건강하세요'라고 꼭 안부도 묻고, 알았지!"

　"네, 알았어요. 엄마."

　"그냥 말로만 인사를 잘 하는 게 아니라, 상대방이 안녕하기를, 평안하고 행복하기를, 건강하기를 정말 마음에서 바라고 해야 말을 통해서 따스한 마음이 전달되는 거란다."

　"정말 그런 것 같아요. 제가 인사를 하면 거의 모두가 웃고 미소를 지어요."

　우체부 김씨 아저씨는 요즘 나이가 들어서 그런지 우편물을 배달하기가 좀 힘이 들어요. 추운 겨울에 얼음이 두껍게 도로 위에 생기거나, 비가 많이 오는 날에는 오토바이를 타고 다니기가 힘들고 위험해지기 때문에 '직업을 잘못 선택했어. 이 나이에 이게 무슨 고생이야'라고 불평도 하게 되었어요.

비가 억수 같이 오는 어느 날이었어요. 김씨 아저
씨는 엘리베이터 안에서 빗물을 닦고 있는데 동
수가 밝게 웃으며 인사를 했어요.

"안녕하세요? 아저씨, 이렇게 비가 오는 날에는 배달하
시는 게 많이 힘드실 텐데, 정말 감사해요."

김씨 아저씨는 오래간만에 듣는 인사라서 기분이 참 좋아졌어요.

"응, 그렇게 말해주어서 고맙다. 그런데 괜찮아. 비가 오는 날보다 안 오
는 날이 더 많으니깐."

김씨 아저씨는 자기도 모르게 한 말이지만 자기 말에 '맞아. 힘든
날보다 좋은 날이 더 많은데... 그리고 이렇게 내 일에 고마워하
는 아이가 있는데... 불평하지 말고 감사하면서 일하자'라
는 생각이 들었어요.

세월이 흘러 동수는 이제 어엿한 회사원이 되었어요.
회사 빌딩의 엘리베이터에서 자주 만나는 다른 부서의 예은이와
는 친하게 인사를 주고받았어요. 동수가 "예은씨 안녕하세요? 오늘은 봄의

향기가 느껴지는 예쁜 옷을 입으셨네요"라고 하자 예은이는 "언제나 좋은 말을 해주셔서 감사해요"라고 대답했어요.

그렇게 6개월이 지난 어느 날, 동수는 엘리베이터에서 예은이를 보자 "예은씨 안녕하세요? 오늘은 가을 분위기가 물씬 풍기는 멋진 옷을 입으셨네요"라고 하자 예은이는 동수를 똑바로 쳐다보면서 "이제 인사만 하지 말고 데이트 신청 좀 하시죠. 저 오늘 저녁에 시간이 많아요"라고 했어요.

"그럼 제가 오늘 맛있는 저녁을 대접해 드릴게요."

친절하고 사교적인 마음으로 아이를 양육해요

둘은 서로를 보며 환하게 미소를 지었어요.

일 년 후 붉고 노오란 낙엽이 거리를 뒤덮은 가을에 동수와 예은은 결혼식을 올렸어요. 둘은 언제 어디서나 밝게 웃으며 인사를 잘하기 때문에 '안녕하세요 부부'라고 불려졌어요.

아기와
태담 나누기

  사랑하는 아가야, 네가 엄마에게 온 다음부터 엄마는 온 세상의 아이들이 다 사랑스럽단다. 전혀 모르는 아이들이지만 길거리에서 만나는 아이들이 너무나 예쁘고 사랑스럽게 보여. 들에 핀 이름 모를 꽃도 너무나 예쁘고, 바람에 흔들리는 잎사귀도 사랑스럽단다. 우리 아가가 엄마에게 와서 엄마는 사랑이 넘쳐나게 된 것 같아. 고마워, 아가야.

  우리 아가도 이 세상에서 살면서 모든 사람에게 친근하고 따스한 마음으로 대하면 엄마는 좋겠어. '사면훈풍'(四面春風)이라는 말이 있단다. '사면이 봄바람'이라는 뜻인데, '언제 어떠한 경우라도 좋은 낯으로만 남을 대한다'는 뜻이야. 네가 모든 사람에게 예절이 바르고, 붙임성이 있고, 친구가 되어주며, 그 누구에게도 적이 되지 않는다면 하루하루가 행복하고 보람이 있을 거란다. 너에게 똑같이 사람들이 대해주고 진정한 친구가 생길 테니깐 말이야. 네가 그런 아이가 될 수 있도록 엄마도 사람들에게 더 인사도 잘하고 좋은 말을 해주는 사람이 될게. 사랑해, 아가야!

후기 순산 체조

❶ 발바닥을 마주 붙이고 앉아서 나비 모양의 자세를 만든 다음 양팔을 앞으로 뻗으면서 몸을 숙여요. 손가락 끝을 3cm 정도 앞으로 밀어서 고관절을 자극해 주어요. 같은 동작을 4회 반복해요.

❷ 다리를 양쪽으로 벌린 다음 양손으로 양쪽 발끝을 잡고 앞으로 천천히 숙이기를 4회 반복해요.

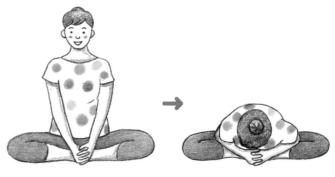

❸ 왼손을 오른쪽 허리에 감고 오른팔을 머리 위로 넘기면서 왼쪽으로 상체를 숙여요. 반대 방향도 한 번 더 해요. 같은 동작을 4회 반복해요.

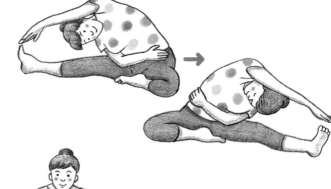

❹ 무릎을 벌려 쪼그리고 앉아서 양손으로 양쪽 발목을 잡고 무릎을 팔꿈치로 밀어주기를 4회 반복해요.

❺ 다리를 어깨너비로 벌리고 서서 양팔을 벌린 다음 무릎을 굽히고 오른쪽 방향으로 허리를 틀었다가 제자리로 돌아와요. 반대 방향도 한 번 더 해요. 같은 동작을 4회 반복해요.

❻ 다리를 어깨너비로 벌리고 서서 팔을 앞으로 내밀고 무릎을 살짝 굽히기를 4회 반복해요.

❼ 바닥에 누워서 다리를 어깨너비로 벌린 다음 머리를 들어 10초 동안 배꼽을 보아요. 같은 동작을 4회 반복해요.

❽ 머리 뒤로 깍지를 끼고 오른쪽 팔꿈치가 왼쪽 엄지발가락을 향하도록 대각선 방향으로 어깨를 들어 주어요. 반대 방향도 한 번 더 해요. 같은 동작을 4회 반복해요.

❾ 바닥에 누워서 한쪽 다리를 위로 쭉 펴서 들고 무릎 뒤쪽을 손으로 잡은 다음 상체를 들어주기를 4회 반복해요.

❿ 한쪽 다리를 직각으로 굽혀 들고 반대쪽 다리로 넘겨 무릎이 바닥에 닿는 느낌으로 허리를 틀어주어요. 반대 방향도 한 번 더 해요. 같은 동작을 4회 반복해요.

⓫ 발을 어깨너비로 벌린 다음 무릎을 세우고 양손으로 발뒤꿈치를 잡고 허리와 엉덩이를 힘껏 들어 올려요. 이때 케겔 운동을 병행해요. 같은 동작을 4회 반복해요.

⓬ 양쪽 다리를 위로 쭉 뻗어 올린 다음 양옆으로 벌렸다 모았다를 4회 반복해요.

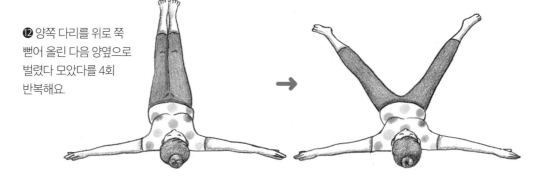

⓭ 양팔을 머리 위로 올려 깍지를 껴요. 양다리는 붙이고 손끝과 발끝이 같은 방향으로 곡선을 그리며 좌우로 움직이기를 4회 반복해요.

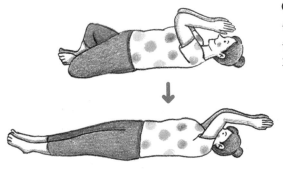

❶❹ 발바닥을 마주 붙여 나비 모양을 만들어요. 손은 손바닥과 팔꿈치를 마주 대고 기도 모양을 해요. 손은 위쪽으로 다리는 아래쪽으로 쭉 뻗었다가 제자리로 돌아오기를 5회 반복해요.

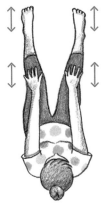

❶❺ 누워서 두 팔과 두 다리를 들고 동시에 10초 동안 털어 주어요. 4회 반복하면 부종을 완화할 수 있어요.

❶❻ 손바닥과 무릎을 대고 엎드린 자세로 다리를 어깨너비로 벌려요. 등을 동그랗게 말아 올리며 엉덩이를 안쪽으로 당기고 머리를 숙여서 배를 바라보아요. 허리를 내리고 고개는 위로 치켜들어요. 각 자세를 10초 동안 유지해요. 같은 동작을 4회 반복해요.

 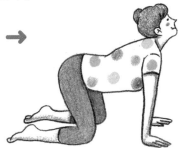

충성하는 마음을 심어주어요

Loyal Character

'충성'은 나라 또는 높은 사람에게 마음 깊은 곳에서 우러나오는 정성을 의미해요.
나라나 단체는 물론이고 사람을 변함없이 끝까지 사랑한다는 것이 얼마나 아름답고 중요한지 몰라요.
우직한 충성심을 가진 아이가 되도록 태교해요.

임신 31-32주

엄마는요	체중이 급격히 늘기 시작하면서 호흡이 짧아지고 속 쓰림, 소화불량, 임신선, 요통, 치질, 가슴 통증, 튼살, 정맥류 등이 더욱 심해져요. 자궁이 방광을 압박해 요실금이 생기기도 해요.
아기는요	폐와 소화기관, 신체 기관이 대부분 완성되고 골격도 완성되어 신경 작용이 활발해져요. 32주에 들어서면 태아가 커지면서 자궁이 좁아 움직임이 둔해지고 피하지방이 점점 축적되어 엄마 피부처럼 불투명해져요.
유의할 점은요	조산을 고려해 아기용품이나 옷, 출산 준비물을 미리 챙겨두어야 해요. 몸을 피로하게 하는 일은 자제하고 과식을 삼가고 음식을 소량으로 여러 번 나누어 먹어야 해요.

멍멍이

할머니는 깊은 산골짜기의 작은 마을에서 혼자 살고 있었어요. 도시에서 살고 있는 자식들이 같이 살자고 해도 할머니는 한사코 고향을 떠나지 않겠다고 주장을 해서 자녀들은 이제 다 포기를 했어요.

어머니가 혼자 계시면 적적할까 봐 장남은 어느 날 멍멍이를 선물했어요. 강순 할머니는 어리고 조그마한 멍멍이를 보고 너무나 좋아하셨어요. 할머니는 자식을 키우는 것처럼 멍멍이를 잘 돌보아 주고 한시도 옆에서 떠나지 않게 했어요. 밥을 먹을 때도 옆에서 멍멍이가 같이 먹을 수 있게 했고, 잠을 잘 때도 멍멍이를 껴안고 잤어요.

세월이 흐르면서 멍멍이는 점점 더 몸짓도 커지고 힘도 세졌지만, 할머

니는 반대로 점점 연약해지셨어요. 그래도 매일 아침저녁으로 할머니와 멍멍이는 마을을 한 바퀴 돌면서 산책을 했어요. 할머니가 경로당에 가서 친구들과 시간을 보내면 멍멍이는 할머니가 나올 때까지 경로당 밖에서 기다렸다가 같이 집에 돌아갔어요. 읍내에서 장이 서는 날에는 할머니가 가끔 버스를 타고 장에 가셨어요. 그러면 멍멍이는 마을 앞 버스 정류장에서 할머니가 돌아오실 때까지 계속 앉아서 기다렸어요.

어느 날 밤에 할머니 옆에서 잠을 자고 있던 멍멍이는 갑자기 벌떡 일어나더니 밖으로 쏜살같이 달려나갔어요. 할머니는 "멍멍아, 왜 그러니? 어서 돌아와"라고 했지만, 멍멍이는 마당에서 "으르렁"거리며 서 있었어요. 산

속에서 먹을 것을 찾으러 멧돼지가 할머니 집에 온 거였어요. 멍멍이는 할머니를 보호하려고 자기보다 덩치가 훨씬 큰 멧돼지이지만 쫓아내려고 했어요. 멧돼지는 몇 번을 들이박아도 멍멍이가 물러서지 않고 계속 짖으며 달려들자 결국 도망을 가버렸어요. 멧돼지가 멀리 도망을 가자 멍멍이는 그제야 주저앉으며 신음소리를 냈어요. 할머니는 얼른 달려 나와서 멍멍이를 안고 방으로 들어가서 눈물을 흘리며 "아이고 멍멍아, 이를 어쩐다니, 이를 어쩐다니..."라고 하면서 정성껏 치료해 주었어요.

그 후로 멍멍이는 더욱더 할머니 옆을 떠나지 않았어요.

집에서나 길에서나 할머니가 아는 사람들을 만나면 멍멍이는 가만히 있었지만, 할머니가 모르는 낯선 사람이 다가오면 무섭게 짖으며 경계를 했어요. 할머니가 "괜찮아, 멍멍아!"라고 말을 해야지만 다시 얌전히 할머니 옆에 서 있었어요. 동네 사람들은 할머니에게 "아이고 할머니, 멍멍이가 자식보다 낫네요. 나아"라고 부러움이 섞인 칭찬을 하곤 했어요.

할머니는 더 나이가 들어서 이제는 기동을 잘할 수도 없게 되었어요. 그래서 간병인이 할머니를 도와주러 집에 매일 왔어요. 할머니는 간병인에게 멍멍이를 데리고 산책을 다녀와 달라고 부탁을 했어요. 멍멍이가 할머니 옆에서 꼼짝을 안 하고 있기 때문이에요. 간병인은 멍멍이를 보고 같이 나가자고 해도 멍멍이는 말을 듣지 않았어요. 그래서 멍멍이에게 목줄을 걸고 간병인이 끌고 나가려고 해도 멍멍이는 전혀 움직이려고 하지 않았어요.

할머니는 멍멍이가 걱정되었어요. 같이 산책하러 나갈 수도 없고 놀아주지도 못해서 멍멍이가 심심하고 건강이 나빠질까 봐 할머니는 도시에 사는 아들에게 멍멍이를 데리고 가라고 했어요. 멍멍이를 안고 가는 아들에

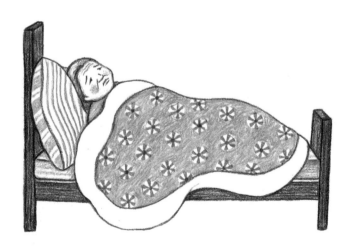

게 "멍멍이를 잘 돌보아 주어라. 내게는 자식 같은 아이니깐"라고 하면서 할머니는 눈물을 흘렸어요. 아들의 품에서 할머니를 보고 계속 애처롭게 짖어대는 멍멍이에게 할머니는 "멍멍아, 미안해. 이제는 우리 아들하고 잘 살아라. 알았지. 그동안 고마웠다"라고 힘없이 말하며 또 눈물을 훔쳤어요.

멍멍이를 아들에게 보내고 할머니는 많이 외로웠어요. 지난 몇 년 동안 항상 옆에 있었던 멍멍이 때문에 그렇게 외롭다는 생각을 많이 못 했는데 몸이 아파서 주로 누워있어야만 하는 할머니는 자꾸 혼자라는 생각에 마음이 무거워졌어요. 그래도 할머니는 자신을 위로 했어요.

'잘 한 거야. 나만 생각하면 되나. 멍멍이가 재미있게 살아야지. 잘 보냈어.'

그렇게 열흘이 지난 후였어요. 할머니 집 대문에서 힘없는 개 짖는 소리가 들렸어요. 간병인이 나가서 문을 여니깐 멍멍이가 바짝 바르고 쓰러질 듯한 모습으로 서 있었어요. 할머니는 멍멍이를 보고 "아이고, 멍멍아, 이게 어찌 된 일이냐? 네가 여기를 어떻게 온 거여?"라고 하면서 엉엉 울었어요. 아들 집에 간 멍멍이는 사흘이 지난 후에 아들 집에서 할머니 집까지 걸어서 돌아온 것이었어요. 아들은 멍멍이를 찾았지만 못 찾고 할머니가 걱정하실까 봐 연락을 하지 않았던 거예요.

아들의 집에서 할머니의 집까지는 100km가 훨씬 넘는 멀고 험한 길이에요. 멍멍이는 그 길을 어떻게 알고 찾아 왔는지 아무도 알 수가 없었어요. 할머니는 멍멍이를 꼭 껴안고 말했어요.

"멍멍아, 미안해. 내가 잘못했다. 다시는 너를 다른 데 보내지 않을게. 우리 이제는 절대로 떨어지지 말자."

아기와 태담 나누기

아가야, 엄마 아빠는 너를 아주 많이 사랑한단다. 네가 자라나면서 사고도 치고 말썽도 부리겠지만 그래도 너를 사랑할 거야. 네가 어른이 되어서 엄마 아빠의 품을 떠나도 너를 향한 엄마 아빠의 사랑은 변함이 없을 거란다. 너를 언제나 어디서나 사랑할 거야.

우리 아가는 한번 사랑하고 섬기기로 작정한 것은 변하지 않고 끝까지 가는 사람이 되면 좋겠다. '갈력진충'(竭力盡忠)이라는 말이 있단다. '힘을 다해 충성한다'라는 뜻이야. 앞으로 네가 사랑하게 될 배우자에게, 너의 좋은 상사에게, 그리고 이 나라에 변함없이 충성하는 멋진 사람이 되기를 엄마 아빠는 기원한단다. 엄마 아빠도 우리 아가를 향한 마음은 영원히 변하지 않을 거야. 사랑한다. 아가야.

액자 꾸미기

예쁘게 색칠한 액자에 아기가 태어나면 사진을 붙여주세요.
액자 테두리를 따라 오려서 벽에 붙여도 돼요.

17
chapter

지혜로움을 아이에게 전달해요
Wise Character

아이를 교육하면서 사랑만으로 하면 안 돼요. 지혜로운 사랑이 아이를 지혜롭고
아름답게 키울 수가 있어요. 사랑 없는 지혜는 더 무서운 결과를 가져오고요.
사랑스럽고 유익한 지혜를 가진 아이가 되도록 태교해요.

임신 33-34주

엄마는요	소변 횟수가 늘어나고 요실금 증상이 나타나요. 배가 자주 당기고 뭉치는 횟수도 잦아져요. 발목과 다리, 손과 얼굴이 붓고 질 분비물이 증가해요. 숙면을 하기가 쉽지 않게 돼요.
아기는요	머리를 아래로 향한 자세를 취하며 세상에 나올 준비를 해요. 양수의 수치는 최고조에 달하고 양수를 들이마시면서 호흡 연습을 해요. 태아의 소변으로 양수의 양이 점점 늘어나요.
유의할 점은요	아랫배가 자주 아프고, 출혈이나 양수가 터지면 즉시 병원으로 가야 해요. 외출 시 응급 상황을 대비해 건강보험증과 산모 수첩을 휴대해야 해요.

두 개의 화분

"삐리릭 삐삐."

붉은 노을이 하늘을 물들이면 양치기 민수는 양떼를 몰며 집으로 돌아
오는 길에 피리를 불었어요. 피리 부는 법을 배워본 적이 없지만 민수는 스
스로 연습을 해서 잘 불게 되었어요. 노래도 직접 작곡을 한 것이에요. 집이
너무나도 가난해서 학교에 가 본 적도 없는 민수이지만 한글도 스스로 터
득해서 글을 읽을 수가 있었어요.

민수가 부는 피리 소리와 노래는 너무나 맑고 아름다워서 듣는 사람들의
마음과 몸을 치유해 주었어요. 이러한 민수에 대한 소문이 계속 퍼져나가

서 왕궁에까지 이르게 되었어요.

왕은 자주 머리가 아프고 정신이 혼미해 졌기 때문에 여러 의사를 불러서 치료를 받았지만 나아지지 않고 더 심해져만 갔어요. 그때 한 신하가 왕에게 "양치기 소년이 있는데 그 아이가 피리를 불고 노래를 부르면 몸과 마음이 아픈 사람이 치료가 된다고 합니다. 그 아이를 한번 불러서 전하의 병을 치료하게 하시는 것이 어떻겠습니까?"라고 여쭈었어요. 왕은 어서 양치기를 불러들이라고 명령했어요.

민수는 왕궁에 가서 왕이 아플 때마다 정성을 다해 연주를 하고 노래를 불러드렸어요. 민수의 연주와 노래는 마치 새가 노래하고 물이 흐르고 봄바람이 부는 것 같았어요. 왕은 민수의 노래를 들으면 몸과 마음이 가벼워지고 맑아지는 것을 느끼며 얼굴에 미소가 지어졌어요. 상태가 많이 좋아진 왕은 민수에게 "너의 연

주와 노래를 듣고 내 병세가 많이 좋
아졌구나. 그래서 내가 너에게 상을 주
고 싶은데 원하는 것이 있느냐?"라고
물어보았어요. 민수는 "미천한 저의 노
래가 임금님의 건강에 도움이 되었다는 것으
로 저는 만족합니다"라고 대답했어요. 그
래도 왕은 다시 그에게 물어보았어요.

"괜찮다. 네가 원하는 것을 말해 보아라. 내가 고마
워서 상을 꼭 주고 싶구나."

"임금님, 제가 한 가지 소원이 있긴 있어요."

"그래, 어서 말해 보아라."

"왕궁 도서관에 있는 책들을 읽을 수 있도록 허락해 주세요."

왕은 흔쾌히 허락을 해주었어요. 그날부터 민수는 틈만 나면 도서관으로
가서 거의 모든 책을 다 읽고 많은 생각을 하였어요. 단순히 지식만을 쌓아
간 것이 아니라, 책을 통해 저자들의 지혜를 배우려고 했고 세상의 이치를
깨달으려고 했어요.

어느 날 이웃에 있는 강대한 나라의 사신이 왕궁에 찾아와서 왕에게 문
제를 내고 정답을 말하라고 강요했어요. "왕은 아주 지혜로운 분이라는 소

문을 들었습니다. 그래서 제가 문제를 하나 내겠습니다. 여기 두 개의 화분이 있습니다. 하나는 생화이고 하나는 조화입니다. 왕은 한 삼십 보 떨어진 곳에서 어느 것이 생화인지 알아맞히시기를 바랍니다. 왕이 제대로 정답을 말하면 저의 왕이 보낸 선물을 드릴 것입니다. 하지만 못 맞추면 왕의 나라는 저의 나라의 속국이 되어서 매년 공물을 바쳐야 합니다."

왕궁 안의 모든 신하와 왕은 몹시 당황했어요. 두 개의 화분 안에 있는 꽃들은 보기에는 똑같이 생겼기 때문이에요. 가까이 있다면 만져보거나 냄새를 맡아서 구분할 수 있지만 멀리 떨어져서는 도저히 어느 것이 생화인지 알 수가 없었어요.

왕은 얼굴이 흑색이 되어서 어찌할 바를 모르고 있을 때 마침 곁에 있던 민수가 조용히 창가로 가서 창문들을 활짝 열어 두었어요. 그리고 왕에게 "임금님께서 문제를 맞히는 동안 제가 연주를 한 곡해도 될까요?"라고 했어요. 왕은 심각한 고민에 빠져있어서 연주를 들을 기분이 아니었지만 민수를 자꾸 눈짓을 하며 간청하자 허락을 했어요. 민수는 피리로 아주 긴 곡을 연주했어요. 연주가 끝날 때쯤이 되자 어디선가 창문 안으로 날아온 나비가 생화 위에 앉아 있었어요. 그 모습을 본 왕은 미소를 지으며 민수를 쳐다보고 쉽게 정답을 맞힐 수가 있었어요.

이웃 나라의 사신은 약속한 대로 커다란 선물을 왕에게 바친 후에 자기 나라로 돌아갔어요. 왕은 매우 기뻐서 온 나라에 선포했어요.

지혜로움을 아이에게 전달해요

"우리나라를 위기에서 건진 민수를 총리대신으로 삼겠다. 민수보다 더 높은 사람은 오직 나 하나이다. 민수는 앞으로 나를 도와 이 나라를 다스릴 뿐만 아니라 모든 어려운 문제나 재판을 해결하게 될 것이다."

민수가 총리대신이 된 후로 나라는 점점 더 부강해져서 모든 백성은 평안하게 생활하였고 그 어떤 나라도 침략하지 못했어요.

아기와
 태담 나누기

사랑하는 아가야, 처음에는 너를 위해 동화를 들려주고 좋은 음악을 듣게 했는데, 엄마 아빠가 더 마음이 좋아지는 것 같아. 그래서 우리 아가가 정말 고맙다. 너 때문에 엄마 아빠는 행복해지고, 마음이 날마다 예뻐지는 것 같아.

이 세상에서 사람들을 돕고 보람 있게 살려면 지혜가 필요하단다. '전대지제'(專對之才)라는 말이 있어. '남의 물음에 지혜롭게 혼자 대답할 수 있어, 외국의 사신으로 보낼 만한 인재'라는 뜻이야. 인생을 살아가면서 많은 문제를 만나는데 그때마다 지혜롭게 대답하고 해결할 수 있다면 많은 사람에게 유익을 줄 수 있단다. 엄마 아빠도 그러한 지혜를 전해줄 수 있도록 더 책도 열심히 읽고 생각하는 사람이 될게. 사랑한다, 아가야.

사랑에 대한 명언 쓰기

사랑에 대한 아름다운 글들이 많이 있어요. 글들을 소리 내어 읽으며 따라 써보세요.
그림도 예쁘게 색칠해보세요

우리는 오로지 사랑을 함으로써 사랑을 배울 수 있다.
아이리스 머독

사랑하는 것은 천국을 살짝 엿보는 것이다.
카렌 선드

사랑은 판단하지 않는다. 주기만 할 뿐이다.
마더 테레사

미숙한 사랑은 '당신이 필요해서 당신을 사랑한다'라고 하지만
성숙한 사랑은 '사랑하니까 당신이 필요하다'라고 한다.
윈스턴 처칠

활짝 열린 마음으로 아이를 맞이해요
Open-Minded Character

우리는 쉽게 지역이나 외모나 물질 등으로 사람을 판단하고 편견을 가지곤 해요. 이러한 마음에 사로잡히지 않고 바다같이 넓은 마음을 가질 때 수많은 사람을 품을 수 있고 위대한 일을 이룰 수 있어요. 열린 마음을 가진 아이가 되도록 태교해요.

임신 35-36주

엄마는요	자궁의 높이는 명치끝까지 올라와 위, 폐, 심장을 누르는 압박감이 강해져 가슴이 답답하고 숨쉬기가 힘들어요. 변비, 치질, 빈혈, 두통, 어지럼증, 현기증이 나타나기도 해요. 태아의 머리가 골반 안으로 들어오면서 전보다 숨쉬기가 편해지지만 하강감과 골반의 통증이 느껴져요.
아기는요	피부가 살구색으로 변하고 피부 주름이 거의 없어져요. 손톱과 발톱이 다 자라고 머리를 골반 안으로 집어넣어요. 공간이 좁아 태동이 크게 줄고 모든 내장 기관은 완전히 형성되어요. 폐 또한 거의 완성되어 조산하여도 생존할 수 있어요
유의할 점은요	충분한 안정을 취하며 순산을 위한 식이요법과 적당한 운동을 병행하고 출산 호흡법을 미리 익혀두어야 해요.

사자 왕

　곰의 나라, 여우의 나라, 사자의 나라는 오랜 세월 동안 전쟁을 하였기 때문에 세 나라의 백성들은 모두 다 힘들게 살고 있었어요. 원래는 하나의 나라였는데 세 나라로 갈라져서 지내다가 서로 침략을 하며 큰 피해를 모두가 입고 있었어요.

　사자 왕은 오랜 전쟁과 합의를 통해 세 나라를 통일시키고 새로운 국가를 건설했어요. 좋은 인재를 등용시켜서 나라를 안정되게 잘 다스렸기 때문에 백성들은 전쟁의 공포 속에서 지내지 않게 되었어요.

　어느 날 재상이 사자 왕에게 "이번 과거에서 수석과 차석을 한 자들이 있

는데, 비록 우수한 성적으로 합격을 했지만, 한직으로 보내시는 것이 합당할 듯합니다"라고 아뢰었어요.

사자 왕은 "왜 예전처럼 요직에 앉히지 않고 한직으로 보내야 하오?"라고 물어보았어요.

"수석을 한 자는 곰의 나라 출신입니다. 왕께서 세 나라를 통일시키고 새 나라를 세우는 데 가장 극렬하게 반항하고 반대한 나라의 사람을 어떻게 요직에 앉히겠습니까? 또한, 차석을 한 자는 여우의 나라 출신입니다. 여우의 나라 사람들은 간사하고 거짓말을 잘합니다. 그런 자를 신뢰할 수는 없습니다."

"여우의 나라 사람들이 간사하고 거짓말을 잘한다는 것은 무엇을 근거로 말하는 것이오?"

"제가 아는 여우의 나라 사람들은 다 그러했습니다."

"경이 아는 여우의 나라 사람들은 몇이나 되오?"

"음... 한 열 명쯤 됩니다."

"열 명이라... 여우의 나라 사람들은 엄청나게 그 수가 많은데, 열 명의 사람들이 그렇다고 모든 사람이 간사하고 거짓말을 잘한다고 주장할 수 있겠소? 너무 섣부른 판단 같지 않소? 그리고 곰의 나라 출신은 성적도 우수할 뿐만 아니라 그 성품과 능력이 출중하다고 들었는데, 경도 그 이야기를 듣지 않았소?"

"네, 저도 들었습니다. 그래서 더욱 경계가 되는 것입니다. 그런 자는 능력이 뛰어나서 따르는 자들이 많게 됩니다. 만약 그런 자가 배신을 한다면 그 피해가 막심할 것입니다."

"비록 곰의 나라 출신이라고 해서 꼭 배신한다는 보장이 어디 있소? 그리고 모든 사람은 때에 따라서는 배신을 하는 것이오. 그럴 가능성이 혹시 있다고 해서 좋은 인재를 등용하지 못한다면 어찌 이 나라가 든든히 서 가겠소. 두 명을 요직에 앉혀서 일을 맡겨봅시다."

"네, 전하, 분부 받들겠습니다."

재상은 자신의 편견이 부끄러웠어요. 그리고 사자 왕의 인품과 넓은 마음씨에 감동을 받았어요. 그 후에 사자 왕은 인재를 등용함에 있어

서 절대로 그 나라 출신이나 가문을 보지 말라고 선포를 했어요.

새하얀 눈이 온 산과 들을 덮고 입김이 솔솔 나는 한겨울에 재상이 빠른 걸음으로 왕궁에 들어와 사자 왕에게 고했어요.

"전하, 인재를 뽑아 국비로 독수리 나라에 유학을 보내었는데, 그 중에 백 명이 공부가 끝났지만 돌아오지 않고 독수리 나라로 귀화를 하였습니다. 똑같은 일이 늑대의 나라에서도 일어났는데, 늑대 왕은 모든 유학생을 당 장 불러들였습니다. 저희도 독수리 나라에 보낸 유학생들을 모두 소환할까 요?"

"재상, 지금 독수리 나라에 보낸 우리 유학생이 얼마나 되오?"

"한 천 명 정도가 나가 있습니다."

"그러면 불러들이지 말고 내년에는 만 명을 보내시오."

"네? 어찌 그런 분부를 내리시는지…"

"천 명보다 만 명을 보내면 돌아오는 숫자가 더 많을 것 아니요. 비용이 더 들겠지만 이는 국가의 미래를 위한 좋은 투자가 아니겠소. 더 많은 훌륭한 인재를 뽑아서 발전된 독수리 나라에 유학을 보내어 문물을 배워 오게 하시오. 그러면 우리나라가 더욱 부강한 나라가 될 것 아니겠소."

재상은 자신의 부정적인 사고에 부끄러움을 느끼고 사자 왕의 넓은 마음과 지혜에 다시 한번 감동을 받았어요. 사자 왕은 좋은 나라를 건설하기 위해서는 훌륭한 인재들이 많이 필요하다는 것을 알았어요. 좋은 인재를 얻기 위해서는 넓은 마음으로 편견 없이 모든 이들을 포용해야 한다는 것도 물론 잊지 않았어요.

사자 왕이 이룬 가장 큰 업적은 신분제도를 철폐했다는 것이에요. 신분제라는 것은 태어날 때의 출신에 따라서 계급이 나누어져 있는 제도에요. 신분은 부모로부터 물려받아서 태어나면서부터 정해져 있었어요. 그래서 천민은 천하다고 여겨지는 일을 평생토록 해야만 했어요. 그리고 노비는 상류층의 사람들에게 재산으로 여겨졌고 자유라고는 전혀 없었어요. 그리고 수많은 박해와 멸시를 당하며 살았어요.

사자 왕은 이러한 오랜 관습을 없애고 누구에게나 자유를 주어서 직업과 삶에 대한 선택을 마음대로 하게 했어요. 그리고 천민은 절대로 관직이나 좋은 직업을 가질 수 없었지만 사자 왕은 천민 출신이라고 해도 능력이 되면 높은 지위를 주어서 열심히 일을 할 수 있도록 해 주었어요.

사자 왕이 다스리는 나라는 이렇게 세상에서 가장 강하고 부유하고 편안한 나라가 되어갔어요.

아기와 태담 나누기

　너의 모습을 하도 상상해서 그런지 이제는 엄마의 마음의 눈에 우리 아가의 예쁜 눈이 보이는 것 같단다. 아가의 코도, 입도, 귀도 보인단다. 손과 발 그리고 아가의 모든 것이 너무 예쁘고 귀엽단다. 이제 조금만 잘 자라면 곧 엄마 아빠를 직접 볼 수 있을 거야.

　어떤 사람들은 아주 작은 이유로 쉽게 사람을 판단하고 적대시하고 미워한단다. '운지해회'(雲智海懷)라는 말이 있단다. '구름이 뭉게뭉게 떠오르는 것 같은 무한한 슬기와 바다와 같은 넓은 도량'이라는 뜻이야. 우리 아가는 높은 산 같은 지혜와 바다 같은 넓은 마음으로 사람들을 대했으면 좋겠다. 그러면 좋은 사람들을 만나게 될 것이고 그 사람들이 너로 인해 무한한 가능성을 실현하게 될 거야. 아가야, 사랑해. 아주 많이 사랑해. 너는 엄마 아빠의 소중한 보물이란다.

남편과 함께 하는 순산 체조

❶ **인디안 걸음** : 남편의 손을 잡고 무릎을 최대한 들어 올리고 걸어요.

❷ **어깨잡고 숙이기** : 서로 마주 보고 서서 양쪽 어깨를 잡은 다음 허리를 숙여요. 이때 허리와 다리의 각도가 90도를 유지하도록 해요. 뒷다리에 가벼운 당김이 느껴지면 좋은 자세에요.

❸ **옆구리 스트레칭** : 부부가 발이 닿도록 나란히 서서 안쪽 손은 안쪽 손끼리 바깥쪽 손은 바깥쪽 손끼리 잡고 바깥쪽 무릎을 천천히 구부리면서 몸을 바깥쪽으로 당겨 주어요.

❹ **허리 운동** : 남편과 등을 마주하고 약 30cm 정도 거리를 둔 상태로 선 다음 허리를 틀어 얼굴을 마주 보며 손바닥을 맞대요. 양쪽을 번갈아 해요.

❺ 팔 돌리기 : 서로 마주 보고 선 다음 손바닥을 대고 같은 방향으로 돌려요.

❻ 등과 팔 올리기 : 척추를 곧게 펴서 서로 등을 맞대고 편안하게 선 다음 팔을 벌려 일직선이 되도록 하고 손바닥을 맞대요. 옆구리를 기울여 한쪽 등과 팔을 올려요. 시선은 올린 손을 바라보아요.

❼ 골반 확장 자세 : 팔꿈치를 낀 채로 어깨너비로 다리를 벌려 등을 맞대고 서요. 무릎을 천천히 굽히면서 등을 대고 함께 의자에 앉는 자세를 해요. 어느 한쪽으로 기울지 않도록 해요.

❽ 마주 보고 당겨 앉은 자세 : 마주 보고 서서 발을 어깨너비로 벌려요. 양손을 잡아 쭉 뻗을 수 있을 정도의 위치에서 서서 팔을 팽팽하게 당기면서 천천히 의자에 앉는 자세를 5초 동안 유지해요. 같은 동작을 4회 반복해요.

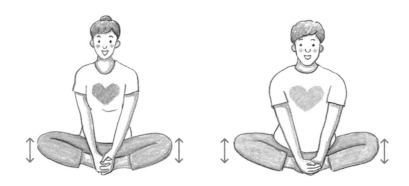

❾ 마주 보는 나비 자세 : 남편과 마주 보고 앉아서 자신의
발바닥을 마주 붙여 나비 자세를 한 다음 무릎을 아래위로
흔들어 고관절을 자극해요.

❿ 마주 보고 벌린 자세 : ⑧번 자세에서 양쪽 다리를 벌려
남편과 아내의 발바닥을 마주 대요. 함께 손을 잡은 상태에서
자신의 방향으로 천천히 당겨요. 손 ▶ 손목 ▶ 팔꿈치 ▶ 어깨의
순으로 잡는 위치를 바꾸어 4회 반복해요.

❶❶ **등, 허리 틀기** : 척추를 곧게 펴서 등을 맞대고 앉아요. 먼저 각자의 양팔을 앞으로 쭉 뻗어서 그대로 오른쪽으로 틀어주며 한 손은 자신의 무릎에 다른 손은 서로의 무릎에 내려놓아요. 돌아올 때는 다시 양팔을 앞으로 뻗어요.

❶❷ **앉아서 등, 팔 세우기** : 서로 등을 맞대고 앉아서 ⑥번 동작을 해요.

❶❸ **등, 가슴 당기기** : 등을 맞대고 앉아 아내는 양팔을 위로 올리며 등을 젖혀 남편에게 몸을 기대요. 이때 남편은 아내의 양손을 잡은 채로 몸을 앞으로 천천히 숙여 아내의 가슴이 이완되도록 해요.

온유한 마음을 아이에게 전해요
Gentle Character

무한경쟁 사회에서 때로는 동료도 짓밟아야 성공하고 강한 자만이 살아남는다고 해요. 하지만
그렇게 거친 마음을 가지고 있으면 외향적인 성공은 할지라도 내면은 거칠고 불행하게 되어요.
오직 온유한 사람만이 내면에 평화를 누리고 진정으로 모든 것을 소유하게 되는 것이에요.
부드럽고 온유한 마음을 가진 아이가 되도록 태교해요.

임신 37-38주

엄마는요
자궁의 높이가 서서히 내려가 소화와 호흡이 한결 편해지고, 자궁구와 질이 부드러워
지고 분비물량이 늘어나요. 불규칙한 자궁 수축, 변비, 빈뇨 증세가 있어요. 배에 귀를
기울이면 태아의 심장 소리가 들려요.

아기는요
태반을 통해 모체로부터 항체를 받아 충분한 면역 기능을 갖추고, 머리를 밑으로 향한
자세의 경우에는 골반 안쪽으로 머리를 향하고 있어요. 모든 내장 기관들이 거의 완성
되고 태지와 솜털이 떨어져 나가요.

유의할 점은요
입원용품과 출산용품을 점검하고 출산을 대비해 목욕이나 샤워는 매일 해야 해요. 혼자
서 하는 외출은 삼가고 순산 운동을 해야 해요.

동수

"시금치가 싱싱합니다. 배추 들여가세요. 상추가 푸짐합니다."

동수는 싱글벙글 웃으며 열심히 채소를 팔고 있었어요. 시장 한구석에 있는 조그마한 가게이지만 동수는 언제나 웃으며 채소 장사를 했어요. 벌이가 조금은 되었지만 네 명의 아이를 키우다 보니 언제나 집안 살림은 넉넉하지가 못했어요. 그래도 동수는 아내와 아이들을 사랑하기 때문에 늘 행복했어요.

장사를 마친 후에 동수는 팔다가 남은 몇 가지 채소를 챙겨서 집으로 발걸음을 빨리 옮겼어요. '아이들과 맛있는 시금칫국을 끓여 먹어야지'라는 생각을 하며 급하게 길을 가는데 핸드폰 벨이 울렸어요. 작은 형이었어요. 아버지가 갑자기 쓰러지셨다는 전화였어요. 동수는 너무 놀라서 채소 봉지를 놓아버리고 그 길로 아버지에게 달려갔어요. 하지만 아버지는 심장마비로 그만 돌아가시고 말았어요. 세 형제는 아버지의 장례를 마치고 한 방에 모여서 얼마 안 되지만 아버지의 유산을 가지고 대화를 나누었어요.

"내가 장남이니깐 유산을 좀 더 가져야겠다. 너희들도 알다시피 내가 요즘 사업이 힘들다. 그러니 너희들이 이해를 좀 해 줘라."

"형, 장남이 유산을 더 받는 것은 아버지를 모시고 있었을 때 이야기이지. 결혼하고 나서 내가 쭉 아버지를 모시고 있었잖아. 그리고 형이 뭐가 어려워. 어려운 사람이 그렇게 큰 집에서 살고 외제차를 몰고 다녀? 그렇게 따지면 막내 동수가 제일 어렵지. 아무튼 내가 아버지를 모시고 있었으니깐 내가 제일 많이 유산을 받아야 해."

동수는 아버지가 갑자기 돌아가신 것도 슬펐는데 형들이 유산을 가지고 싸우는 모습에 더 마음이 아팠어요.

"형님들, 우리가 이렇게 싸우면 하늘에 가신 아버지가 슬퍼하실 것 같아요. 그러니깐 싸우지 말자. 큰형이 요즘 사업이 어렵다고 하고 작은형은 오랫동안 아버지를 모시느라고 고생했으니깐 나는 유산을 안 받을게. 두 분이 아버지의 유산을 반으로 나누어 갖고 싸우지 말아요."

동수의 가게 주인은 월세를 올려달라고 하고 아이들이 커가면서 사정이 제일 어려웠지만 형들을 위해 동수는 유산을 포기했어요. 형들은 동수의 말을 듣고 얼른 그렇게 하자고 하고 정말로 동수에게는 아무런 유산도 나누어 주지 않았어요.

그 후 2년이 지났어요. 동수의 먼 친척이 소천하기 전에 "동수가 어렵게 살면서도 형들과 싸우지 않고 유산을 양보한 것을 내가 듣고 참 감동이 되었다. 그래서 내 땅의 일부를 동수에게 유산으로 주겠다"라는 유언을 남겼어요. 동수는 형들에게 양보한 유산보다 100배나 많은 가치의 땅을 받은 후에 친구와 사업을 했어요. 동수의 친구는 기술을 제공했고 동수는 자본을 대어서 시작한 사업은 나날이 확장되어갔어요. 몇 년이 지난 후 동수의 친구는 동수에게 제안을 했어요.

"동수야, 우리 사업이 많이 커져서 우리 둘 다 어느 정도 부를 많이 쌓았잖아. 그래서 말인데, 이제부터는 나 혼자 사업을 따로 하고 싶어."

"왜? 내가 뭐 섭섭하게 한 게 있어?"

"아니야, 그런 거. 그냥 내가 혼자 힘으로 얼마나 더 크게 이 사업을 발전시킬 수 있는지 도전해 보고 싶어서 그래."

"만약에 우리가 따로 사업을 하게 되면 서로 같은 물건을 만들어 내니깐 결국 경쟁하게 되잖아. 그러지 말고 그냥 네가 혼자서 이 사업을 해. 나는 회사를 그만두고 시골에 가서 농사를 지으며 살래."

"이렇게 돈 되는 사업을 그만두고 농사를 지으며 살겠다고! 진심이야?"

"응, 진심이야. 이제는 좀 여유를 가지고 내가 하고 싶은 것을 하면서 가족들이랑 더 많은 시간을 보내고 싶어."

동수는 자기의 지분을 모두 친구에게 주고 회사를 정말로 떠났어요. 그리고 아담한 산이 있고 푸른 강물이 흐르는 시골에 가서 자연을 벗 삼아 가족들과 지냈어요.

회사를 운영할 때보다 훨씬 적은 수입을 농사를 통해 얻지만, 동수는 자신의 결정을 한 번도 후회한 적이 없어요. 아이들도 동수의 성품을 닮아서 아무도 불평하지 않았어요. 온 가족이 땀 흘러 낮에는 일하고 저녁에는 시금칫국, 시래깃국, 된장국 등을 끓여서 다 같이 웃으며 먹었어요. 동수와 아내와 아이들은 이 세상 누구보다 더 행복하게 살았어요.

아기와 태담 나누기

아가야, 엄마 아빠는 네가 태어나서 예쁘게 자라나는 것을 상상하곤 해. 네가 깔깔대고 웃은 모습, 아장아장 걷는 모습, 꾀꼬리처럼 노래하는 모습, 엄마 아빠랑 손을 잡고 산책하러 가는 모습을 상상하면 얼마나 행복한지 모른단다.

네가 자라면서 사람들이 "무한경쟁 사회에서 성공하려면 때로는 동료를 짓밟고 올라가야 한다"라고 하는 말을 듣게 될 거야. 하지만 꼭 그렇지 않단다. '온후독실'(溫厚篤實)이라는 말이 있어. '성격이 온화하고 착실하다'라는 뜻이야. 네가 욕심내고 다투지 않고 온유하고 착실하게 산다면 그것이 진정한 인생의 성공이란다. 남과 싸우고 상처 주는 사람은 반드시 심은 대로 거두게 돼. 네가 언제나 사람들에게 친절과 사랑과 양보를 심으면 기쁨과 웃음을 거두게 될 거야. 엄마 아빠도 그렇게 온유한 사람들이 되도록 노력할게. 사랑해, 아가야.

분만을 촉진하는 자세

❶ 케겔 운동 : 바닥에 양반다리로 앉아요. 질 근육을 조였다 풀었다 하는 것을 반복해요. 케겔 운동은 자궁 수축에 도움이 돼요. 서서 해도 같은 효과를 얻을 수 있어요.

❷ 개구리 자세 : 다리를 양옆으로 벌리고 쪼그리고 앉아 엉덩이를 위아래로 움직여요. 개구리 자세는 엉덩이를 흔들어 감통 효과를 주고 태아가 아래로 내려오도록 도와주어요.

❸ 층계 오르기 : 발뒤꿈치를 들었다가 내렸다가를 20회 반복해요. 층계 오르기는 태아가 아래로 내려오게 도와주고 골반을 확장해 주어요. 실제로 층계를 오르면 더욱 효과적이에요. 단, 내려올 때는 반드시 엘리베이터를 용해야 해요.

❹ 엉덩이 흔들기 : 무릎을 꿇고 엎드려서 엉덩이를 옆으로 흔들어요. 엉덩이를 흔들면 통증을 억제하는 호르몬이 분비되어 감통 효과가 있어요. 진통이 올 때 남편이 엉덩이를 쓰다듬어 주는 것도 좋아요. 서서 해도 같은 효과를 얻을 수 있어요.

모유 수유를 위한 유방 마사지

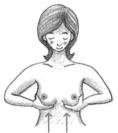

❶ 양손을 유방 아래에서 위로 툭 쳐올려요.

❷ 양쪽 유방 옆에서 안쪽을 향해 밀어주어요.

❸ 양손을 유방 아래쪽에서 대각선으로 밀어 올려요.

❹ 양손을 어깨에 대고 천사 날개 모양을 한 다음 어깨를 돌려요.

❺ 손목 안쪽 중심부의 내관 혈점을 엄지손가락으로 지그시 누르며 시계 방향으로 20회 돌려요.

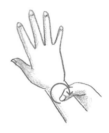

❻ 손목 바깥쪽 중심부의 양지 혈점을 엄지손가락으로 지그시 누르며 시계 방향으로 20회 돌려요.

❼ 새끼손가락의 후계 혈점(바깥쪽)을 만져요.

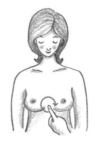

❽ 유방과 유방 사이의 전중 혈점을 집게손가락으로 돌려요.

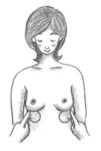

❾ 유방 아래쪽 유근 혈점을 손가락으로 돌려요.

온유한 마음을 아이에게 전해요

순종하는 마음을 아이가 품게 해요
Obedient Character

요즘은 아이들과 젊은이들이 어른들보다 어학이나 컴퓨터에 더 뛰어날 수가 있어요. 그래서 어른들을 공경하지도 않고 쉽게 거역을 하곤 해요. 그러나 권위는 능력만으로 정해지는 것이 아니라 질서로 지켜져요. 부모님께, 선생님께, 어른들께 순종하는 것은 순탄한 일생을 보장해 주어요. 겸손히 순종하는 마음을 가진 아이가 되도록 태교해요.

임신 39-40주

엄마는요	불규칙하고 몸을 움직이면 진통이 완화되었던 가진통과 달리 규칙적인 진통과 점점 진통 간격이 짧아지기 시작해요. 진통이 30분~1시간 간격으로 지속하다가 10분 이하 간격으로 오게 되면 병원에 가야 해요. 이제 곧 아기를 만나는 것이에요.
아기는요	모체 밖에서 성장할 수 있을 정도로 완전히 성숙하고 건강해요. 태동은 약해지고 세상에 나올 준비를 해요.
유의할 점은요	출산을 위해 충분한 휴식과 마음의 준비를 해야 해요. 진통 외에 이슬이 비치거나 양수가 나오면 빨리 병원에 가야 해요.

청개구리

"개굴개굴, 소쩍소쩍, 구구~ 구구~."

개구리와 소쩍새 그리고 비둘기의 노랫소리가 언제나 맑게 들리는 연못 가에서 청개구리는 엄마와 함께 단둘이 살았어요. 살림은 넉넉하지 않았지만, 청개구리는 엄마와 늘 이야기를 많이 하며 행복하게 지냈어요.

청개구리는 좀 크고 나서 어느 날부터 엄마의 말을 거꾸로 하기 시작했어요. "얘야, 일찍 자고 일찍 일어나야지, 그래야 학교에 늦지 않지." "싫어요. 저는 게임하다가 늦게 자고 늦게 일어나서 학교에 지각할 거에요." 처음에는 장난으로 그랬지만 점점 더 청개구리는 엄마의 말에 거꾸로 하는 것이 재미있었어요.

"애야, 편식하지 말고 반찬을 골고루 먹어야지 건강해진단다."

"싫어요. 저는 제가 좋아하는 계란말이만 먹을 거예요."

"애야, 밖에 날씨가 추워졌으니깐 두꺼운 외투를 입고 나가라."

"싫어요. 저는 얇은 외투를 입고 나갈 거예요."

엄마는 뭐든지 거꾸로 하는 청개구리 때문에 속이 많이 상했어요. 어떻게 청개구리를 교육해야 할지 알 수가 없었어요. 그러던 어느 날 엄마는 시험 삼아서 엄마가 원하는 것을 거꾸로 청개구리에게 말했어요.

"애야, 밤늦도록 게임하다가 자거라. 그리고 내일 아침에 늦게 일어나거라."

"싫어요. 저는 일찍 자고 일찍 일어날 거예요."

엄마는 계속 거꾸로 말하기 시작했어요.

"애야, 다른 반찬은 먹지 말고 계란말이만 먹어라."

"싫어요. 저는 다른 반찬도 다 먹을 거예요."

"애야, 네 방을 청소하지 말고 그냥 어지럽혀 놓아라."

"싫어요, 방 청소하고 깨끗하게 해 놓을 거예요."

어느 날 청개구리가 밖으로 나가려고 하자 엄마가 물었어요. "애야, 어디 가니?" "친구들과 놀까 해서요." "지난번처럼 축구를 할 거면 좁은 골목에서 해라. 이웃집 창문도 여차하면 공으로 깨고 놀아라." "싫어요, 저는 넓은

운동장에서 축구를 할 거예요." '애들은 정말 단순하다니깐!' 엄마는 청개
구리를 내보내면서 속으로 웃었어요.

청개구리는 친구들을 만나서 운동장에서 축구를 하자고 했어요. 하지만
친구들이 "어제 비가 와서 운동장이 아직 다 마르지 않았어. 오늘은 그냥
골목에서 잠깐만 공을 차자"라고 말했어요. 청개구리는 아무 생각 없이 "그
래, 그러면 골목에서 공을 차자"라고 하고 신나게 친구들하고 놀았어요. 한
참을 공을 주고받다가 청개구리가 힘껏 공을 찼는데 그만 토순이 집 창문
을 뚫고 공이 들어가 버렸어요. 친구들은 놀라서 "아! 큰일 났네"라고 하자,

청개구리는 "괜찮아, 우리 엄마가 아까 골목에서 축구를 하라고 했어. 그리고 여차하면 창문도 깨라고 했어"라고 하며 엄마에게 가서 말을 했어요. 엄마는 깜짝 놀란 채로 토순이 집에 빨리 가서 사과하고 창문 수리비를 내겠다고 했어요.

　엄마는 토순이 집에서 돌아오고 그날 밤에 길게 한숨을 쉬면서 잠을 이루지 못했어요. 그리고 그다음 날부터 밤늦게까지 일을 하며 매일 늦게 집에 돌아왔어요. 어느 일요일 저녁에 청개구리가 밖에서 놀다가 집에 들어오는데 엄마와 이웃에서 사는 두꺼비 아줌마가 대화하는 소리를 듣게 되었

어요.

"청개구리 엄마, 토순이 집 창문만 부서진 게 아니라, 공이 거실에 있는 비싼 도자기까지 깨뜨렸다며? 아이고, 그 비싼 것을 보상해 주려고 몸도 약한데 매일 야근을 하며 일을 하니, 얼마나 힘들어, 그래."

"우리 집 아이가 일부러 그런 것이 아니잖아요. 도자기가 깨진 것은 아직 모르니깐 아주머니도 우리 집 아이에게는 말하지 마세요. 아이가 마음에 부담을 가질까 봐 그래요."

"엄마 말에 모두 거꾸로 하는 아이인데도 그렇게 챙기기만 하네. 좀 혼을 내요. 아이들은 무섭게 혼을 내야 정신을 차린다니깐."

"다 제가 부족해서 아이가 그런 건데, 어떻게 혼을 내겠어요. 제가 혼자 키워서 충분한 사랑을 못 주었어요. 그것이 늘 아이에게 미안해서 혼낼 생각을 할 수가 없네요."

엄마의 말을 들은 청개구리는 눈물을 흘렸어요. '엄마가 이렇게 나를 사랑하는데 난 엄마 속만 썩이고 사고를 쳐서 엄마가 힘들게 일을 하게 하고...' 청개구리는 다시는 엄마의 말에 불순종하지 않고 엄마를 기쁘게 해드리겠다고 다짐을 했어요.

변화된 청개구리의 모습에 엄마는 기뻐했어요. 엄마는 "얘야, 엄마는 네 목소리가 참 좋다고 생각해. 그래서 네가 가수가 되었으면 좋겠다"라고 청개구리에게 말했어요. "예, 엄마, 제가 열심히 노력해서 가수가 될게요"라고 청개구리는 얼른 대답했어요. 청개구리는 원래 축구선수가 되고 싶었지만, 엄마가 가수가 되기를 원해서 결국 유명한 가수가 되었어요. 많은 청중 앞에서도 청개구리는 노래를 불렀지만 언제나 엄마를 위해 노래를 할 때는 최선을 다했어요.

"개굴, 개굴, 개~에 굴."

아기와
태담 나누기

사랑하는 아가야, 그동안 엄마 뱃속에서 잘 자라주어서 고마워. 이제 곧 엄마 아빠의 얼굴을 볼 수 있을 거야. 엄마 아빠도 네가 보고 싶어서 얼마나 힘든지 몰라. 네가 태어나면 날마다 안아주고, 뽀뽀해 주고, 함께 놀아 줄게.

엄마 아빠는 너를 키우면서 네가 잘되기를 바라는 마음으로 많은 것을 가르치고 요구할 거야. 그러면 네가 잘 순종해서 정말 훌륭한 사람이 되면 좋겠다. '저수하심'(低首下心)이라는 말이 있어. '머리와 마음을 낮추어서 순종한다'라는 뜻이야. 네가 부모님께, 어른들께, 그리고 너를 지도하는 선생님께 겸손히 순종하면 너는 평생토록 잘되고 평안할 거야. 물론 엄마 아빠도 좋은 소리라고 너무 자주 해서 잔소리처럼 들리지 않도록 노력할게. 너에게는 '무엇을 하라'보다는 '사랑한단다'라는 말을 더 많이 할게. 사랑한단다, 아가야. 정말 사랑해.

아기에게 편지쓰기

태어날 아기를 생각하며 편지를 써보아요.
밑그림에 예쁘게 색칠도 해보아요.

순종하는 마음을 아이가 품게 해요

참고자료

50p의 그림은 김경연, 김은기 저 "그리운 엄마를 마음에 담아 Memory" 중에서

82, 83p의 그림은 김경연, 김은기 저 "그리운 엄마를 마음에 담아 Memory" 중에서

92p의 그림은 임새봄 저 "달콤한 손 그림" 중에서

106p의 그림은 김은기 저 "꽃보다 말씀" 중에서

160p의 그림은 임새봄 저 "달콤한 손 그림" 중에서

186p의 그림은 김은기 저 "꽃보다 말씀" 중에서

197p의 그림은 김경연, 김은기 저 "그리운 엄마를 마음에 담아 Memory" 중에서

228p의 그림은 김경연, 김은기 저 "그리운 엄마를 마음에 담아 Memory" 중에서

초판 1 쇄   2019년 2월 28일

초판 2 쇄   2019년 11월 15일

초판 3 쇄   2023년 2월 20일

지 은 이 _ 송금례, 김현태, 김은기

펴 낸 이 _ 김현태

디 자 인 _ 장창호

펴 낸 곳 _ 따스한 이야기

등   록 _ No. 305-2011-000035

전   화 _ 070-8699-8765

팩   스 _ 02- 6020-8765

이 메 일 _ jhyuntae512@hanmail.net

따스한 이야기 페이스북, 인스타그램

https://www.facebook.com/touchingstorypublisher

https://www.instagram.com/touchingstorypublisher

따스한 이야기는 출판을 원하는 분들의 좋은 원고를
기다리고 있습니다.

가격 16,000원